Lothar Seiwert
Horst Müller
Anette Labaek

30 Minuten

Zeitmanagement
für Chaoten

12. Auflage

Bibliografische Information der Deutschen Nationalbibliothek

Die Deutsche Nationalbibliothek verzeichnet diese Publikation in der Deutschen Nationalbibliografie; detaillierte bibliografische Daten sind im Internet über http://dnb.d-nb.de abrufbar.

Umschlaggestaltung: die imprimatur, Hainburg
Umschlagkonzept: Martin Zech Design, Bremen
Redaktion: Christine Wittenzellner, München
Projektleitung: Sandra Klaucke
Illustration auf S. 25: Werner Tiki Küstenmacher, Gröbenzell
Satz: ZeroSoft, Timisoara, Rumänien
Druck und Verarbeitung: Salzland Druck, Staßfurt

© 2000 GABAL Verlag GmbH, Offenbach
12. Auflage 2012

Hinweis:
Das Buch ist sorgfältig erarbeitet worden. Dennoch erfolgen alle Angaben ohne Gewähr. Weder Autor noch Verlag können für eventuelle Nachteile oder Schäden, die aus den im Buch gemachten Hinweisen resultieren, eine Haftung übernehmen.

Printed in Germany

ISBN 978-3-86936-379-0

Abonnieren Sie unseren Newsletter unter:
www.gabal-verlag.de

In 30 Minuten wissen Sie mehr!

Dieses Buch ist so konzipiert, dass Sie in kurzer Zeit prägnante und fundierte Informationen aufnehmen können. Mithilfe eines Leitsystems werden Sie durch das Buch geführt. Es erlaubt Ihnen, innerhalb Ihres persönlichen Zeitkontingents (von 10 bis 30 Minuten) das Wesentliche zu erfassen.

Kurze Lesezeit

In 30 Minuten können Sie das ganze Buch lesen. Wenn Sie weniger Zeit haben, lesen Sie gezielt nur die Stellen, die für Sie wichtige Informationen beinhalten.

- Alle wichtigen Informationen sind rot gedruckt.

- Auf jeder Kapitel-Eingangsseite finden Sie eine Mind Map, die einen inhaltlichen Überblick über die folgenden Seiten gibt.

- *Zahlreiche Zusammenfassungen innerhalb der Kapitel erlauben das schnelle Querlesen.*

- Ein Fast Reader am Ende des Buches fasst alle wichtigen Aspekte zusammen.

- Ein Register erleichtert das Nachschlagen.

Inhalt

Vorwort

Ob Alt oder Jung, Frau oder Mann, Arbeiter oder Manager – die Zeit fehlt allen. Und das, obwohl der Mensch im 21. Jahrhundert mehr Zeit zur Verfügung hat, als es alle Generationen zuvor hatten. Denn die Lebenserwartung stieg in den vergangenen Jahrhunderten kontinuierlich. Zugleich sank die Arbeitszeit. Der Mensch müsste demnach mehr freie Zeit haben. Medizinischer Fortschritt hat die Lebenszeit des Menschen verlängert. Die Technik hat die Zeit für bestimmte Arbeiten verkürzt. Trotzdem hastet der Mensch immer schneller durchs Leben.

Kein Zeitmanagement alter Schule

Dieses Buch ist kein Zeitmanagementbuch im üblichen Sinne. Wir möchten, dass Sie den Umgang mit Ihrer Zeit überprüfen und den für Ihre Arbeitsweise individuell geeigneten Weg finden.

Wir zeigen Ihnen nicht, wie Sie Ihre Zeit so eng wie möglich kanalisieren und das Stundenrad in den Listen eines Zeitplanbuchs penibel unterteilen. Am Ende hätten Sie mit dieser Aktion noch weniger Zeit und dafür mehr Hektik.

Ziel: ein lebenswertes Leben

Wir raten Ihnen lieber dazu, weniger in Ihre Zeit hineinzupacken. Statt auf Quantität setzen wir auf Qualität. Wir geben Ihnen Ideen, wie Sie sich besser organisieren und somit Ihr Leben abwechslungsreicher und schöner gestalten können.

Überlegen Sie: Was wäre, wenn Sie Ihre Selbstorganisation besser in den Griff bekämen? Kreative können sich weniger gut organisieren, sind aber offen für neue Ideen. Spielen Sie deshalb nicht gleich den Richter mit sich, der Neuem keine Chance lässt. Spielen Sie lieber den Umsetzer von Ideen, der wissen will, was ist, wenn er es getan hat. Der Versuch ist es wert. Denn wenn Sie eine gute Idee haben, wäre es falsch zu sagen: „Ich habe keine Zeit."

Zeit-Tipp fürs Lesen

Sie brauchen das Buch nicht von vorne bis hinten zu lesen. Setzen Sie selbst die Prioritäten. Verschaffen Sie sich einen Überblick anhand der Inhaltsangabe oder der Übersichts-Mind Map am Anfang des Buches (Seite 11). Beginnen Sie mit dem, was Sie am meisten interessiert. Möglicherweise ist dieser Tipp für Sie ja gar nicht notwendig. Menschen, die zum Chaos neigen, gehen nicht linear vor – lesen nicht Seite für Seite. Sie lieben es, von einem Punkt zum anderen zu springen. Sie sind vielseitig. Stopp – mehr sagen wir hier nicht. Unser Eingangstest auf den folgenden Seiten verrät Ihnen mehr. Viel Spaß!

Ihr Autorenteam

Bin ich ein Chaot?

Chaos und Ordnung sind nur auf den ersten Blick zwei gegensätzliche Begriffe, bei genauerem Hinsehen gibt es auch Parallelen. Chaoten arbeiten nach ihrem eigenen Muster – einer Art individueller Ordnung. Ihr extremes Gegenteil, die Ordnungsfanatiker, können für die Unorganisierten wiederum Chaos programmieren. Prüfen Sie Ihre Selbstorganisation und kreuzen Sie an, was für Sie *am ehesten* zutrifft:

	Stimmt	Stimmt nicht
Die Uhr ist für mich kein Zeitmanager.	☐	☐
Ich schaffe meine Termine fast immer auf den letzten Drücker.	☐	☐
Ich arbeite am liebsten an mehreren Projekten gleichzeitig und mache das, was mir gerade in den Sinn kommt.	☐	☐
Ich halte mich ungern an Vorgaben und Regeln.	☐	☐
Langweilige Pflichten verdränge ich ohne schlechtes Gewissen.	☐	☐
Ich bin ein Fan von Spickzetteln (Post-it-Klebezetteln).	☐	☐
Ich meide Checklisten und Formulare.	☐	☐
Kreative Menschen brauchen das Chaos.	☐	☐

	Stimmt	Stimmt nicht
Ich habe viele Ideen, doch für die Umsetzung fehlt mir die Zeit.	☐	☐
Ich hätte gerne mehr Zeit für mich, meine Freunde, meine Familie.	☐	☐
Ich bin ein Sammlertyp.	☐	☐
Soweit möglich, ändere ich meinen Tagesablauf – je nachdem, wie ich mich fühle.	☐	☐
Auf meinem Schreibtisch quillt Papier über, trotzdem finde ich meist alles, was ich brauche.	☐	☐
Ich meide Menschen, die mich zur Ordnung bekehren wollen.	☐	☐

Auswertung

Addieren Sie alle Kreuzchen in der Spalte „Stimmt" und lesen Sie Ihr Ergebnis:

0 - 2 Punkte: Haben Sie ehrlich geantwortet, sind Sie wirklich so perfekt organisiert? Ein kleiner Chaot steckt schließlich in jedem von uns. Sie setzen Prioritäten, planen systematisch und halten sich daran. Perfekt. In diesem Buch erfahren Sie mehr über Menschen, die gemeinhin als „Chaoten" gelten. Es hilft Ihnen, sie besser zu verstehen.

3 - 6 Punkte: Sie haben sich bereits eine gute Arbeitsmethodik angeeignet, können jedoch Ihr Selbstmanagement noch wesentlich verbessern. Suchen Sie sich in diesem Buch die Kapitel heraus, die am besten zu Ihrem Vorgehen passen. Sie finden viele Tipps, wie Sie sich noch besser managen können.

7 - 11 Punkte: Sie lieben die Einheit in der Vielfalt, mit dem Resultat, dass es mitunter sehr chaotisch zugeht. Mit der Methode des „Durchwurstelns" bringen Sie Ihre beruflichen und privaten Vorhaben nicht so auf die Reihe, wie Sie es gerne möchten. In diesem Buch finden Sie viele Anregungen, wie Sie Ihre Arbeitsweise besser in den Griff bekommen und mit mehr Spaß mehr leisten.

12 - 14 Punkte: Jegliches Festlegen ist Ihnen zuwider. Sie brauchen das Chaos und die Freiheit, Termine und Pläne stets zu ändern. Sie wollen sich von nichts und niemandem managen lassen. Aber tatsächlich managt Sie die Zeit. Das bringt Dauerstress, Hast und Hektik. Viele gute Ideen versanden. Schöpferisch kann nur sein, wer gelassen ist. Sie müssen kein penibler Zeitplaner werden, um mit weniger Aufwand mehr zu leisten und um das Leben besser genießen zu können. Dieses Buch ist der *ideale Ratgeber* für Sie.

Überblicks-Mind Map

Das Inhaltsverzeichnis für „Chaoten":
Diese Mind Map visualisiert den Aufbau des Buches.

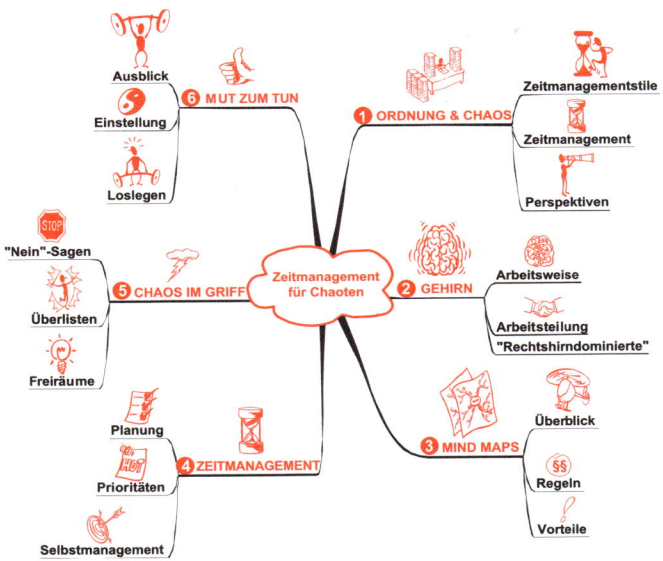

30 **MINUTEN**

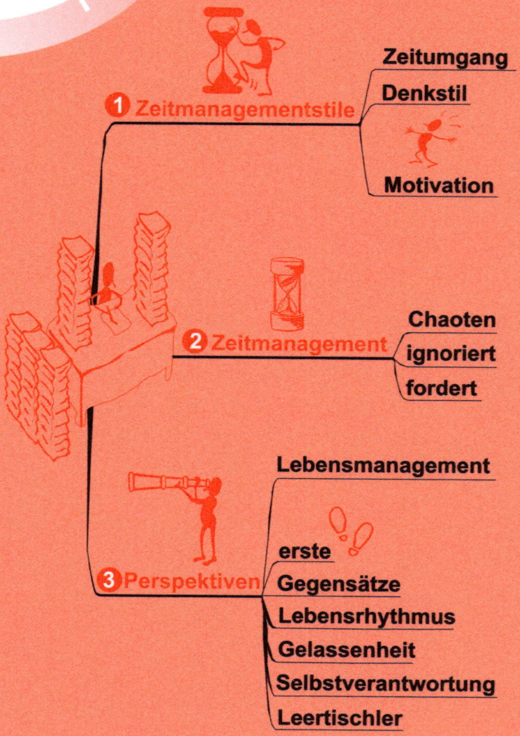

1 Zeitmanagementstile
- Zeitumgang
- Denkstil
- Motivation

2 Zeitmanagement
- Chaoten
- ignoriert
- fordert

3 Perspektiven
- Lebensmanagement
- erste
- Gegensätze
- Lebensrhythmus
- Gelassenheit
- Selbstverantwortung
- Leertischler

1. Ordnung und Chaos

Wenn Sie den Eingangstest ausgefüllt haben, sind Sie vielleicht um einige Erkenntnisse über sich selbst reicher. Natürlich ist die menschliche *Persönlichkeit* komplex, vielschichtig und nicht so einfach erfassbar.

1.1 Zeitmanagement und Persönlichkeit

Menschen sind ganz unterschiedlich, wenn es um ihre Selbstorganisation geht. Manche glänzen als Organisationstalent, andere als wandelndes Chaos. Die einen können sich gut organisieren: Sie planen, erledigen routiniert ihr Arbeitspensum, arbeiten systematisch und lassen sich wenig von den Zufälligkeiten des Tages lenken. Im Idealfall haben sie mehr Freiraum für Privates und für Karriere. Ihr Gegenteil, die *Desorganisierten*, haben den Tisch stets voller Arbeit, schieben bergeweise Unerledigtes vor sich her und wursteln sich auf ihre Art mehr oder weniger erfolgreich durch ihr hektisches Leben. Zeit haben sie meist nie.

Individuell verschieden

Es liege nicht daran, dass die Unorganisierten schlampig, faul oder dumm wären, schreibt *Dr. Ann McGee-Cooper* in ihrem Buch „Time Management for Unmanageable People". Es hänge viel mehr daran, wie jemand

- mit der Zeit umgeht,
- Informationen verarbeitet,
- sich selbst motiviert.

Der Umgang mit der Zeit

Dr. Ann McGee-Cooper unterscheidet zwei Persönlichkeitstypen hinsichtlich ihres Umgangs mit Zeit:

- *Monochronische* Zeitmanager gehen exakt nach der Uhr, planen im Voraus. Für sie ist alles messbar.
- *Polychronische* Zeitmanager lassen sich weniger in ein Uhrenschema pressen. Sie nehmen Zeit nicht linear wahr, sondern sehen Zeit unter verschiedenen Randbedingungen. Sie wollen in der gleichen Zeit mehrere Ziele erreichen und lassen sich von Intuitionen und Stimmungslagen leiten. Sie vertrauen gerne auf den „günstigen Augenblick", der nicht berechenbar ist.

Welcher Zeitmanager sind Sie?
- Tendieren Sie eher zum monochronischen oder zum polychronischen Ansatz?
- Welche Auswirkungen hat das auf Sie selbst/auf andere Personen?

Ann McGee-Cooper hat noch weitere individuelle Unterschiede ausfindig gemacht:

- *Konvergente und divergente Denker:* Die Konvergenten denken konzentriert, kommen schnell auf den Punkt und lieben Ordnung. Menschen, die in verschiedene Richtungen denken, vieles hinterfragen und ständig neue Ideen kreieren, sind divergente Denker.
- *Extrinsisch oder intrinsisch motiviert:* Extrinsisch Motivierte reagieren auf das, was andere von ihnen erwarten; intrinsisch Motivierte hören zuerst auf ihre inneren Signale. Der Antrieb, etwas zu tun oder zu lassen, kommt aus ihnen selbst heraus.

Nach den Praxiserfahrungen von McGee-Cooper sind die *unorganisierten Menschen* eher jene, die mit der Zeit polychronisch umgehen, Informationen divergent verarbeiten und intrinsisch motiviert sind. Es sind die Menschen, die eher von der rechten Gehirnhälfte dominiert werden, während die Systematiker und Planer eher linkshirn-dominant sind (vgl. Seite 25).

Vereinfachend kann man zwei Typen hinsichtlich des Umgangs mit der Zeit unterscheiden: „Chaoten", die ihre Zeit je nach Stimmung und Motivation nutzen wollen, und Systematiker, die ihren Tag exakt planen.

1.2 Schwächen des klassischen Zeitmanagements

Das klassische Zeitmanagement wurde entwickelt von Ordnungsliebhabern für all jene, die gerne systematisch und zielgerichtet arbeiten. Seine wesentlichen Merkmale sind effektive Terminplanung und Zeiteinteilung. Beides sind Anforderungen, die sich wenig mit den Bedürfnissen der „Chaoten" oder Anti-Systematiker decken.

Die 10 Attribute der „Chaoten"
1. Sie arbeiten an mehreren Projekten gleichzeitig.
2. Sie neigen zu Aufschieberitis.
3. Sie lieben ihre Zettelwirtschaft.
4. Sie setzen sich ungern Ziele.
5. Sie betrachten Planung als Zwangsjacke.
6. Sie lassen sich gerne unterbrechen.
7. Sie erachten vieles als gleichwertig.
8. Sie arbeiten häufig unter Zeitdruck.
9. Sie sind Sammler und Aufbewahrer.
10. Sie tun sich schwer damit, Nein zu sagen.

Die sechs Angelpunkte des falschen Systems
Das klassische Zeitmanagement ignoriert die Unterschiede im Verhalten des Menschen.
1. Es eignet sich für jene Menschen, die ihre Zeit für Aufgaben möglichst exakt berechnen und stets nach Zeitdieben fahnden. Für die „Chaoten" dagegen ist vorrangig, wie sie Zeit erleben.

2. Es spricht die Logiker an. Ganzheitlich denkende Menschen suchen eine Balance zwischen Geplantem und Intuitivem.
3. Das Werkzeug des traditionellen Zeitmanagements, das Zeitplanbuch, empfinden viele als Gängelei. Vorgegebene Linien schränken ein, das Gedruckte ist zu klein, das ständige Übertragen von Aufgaben zu mühsam.
4. Strikte Zeitplanung ignoriert die Hochs und Tiefs, die jeder Mensch hat und die seine Leistung beeinflussen.
5. Das Internet-Zeitalter fordert eine neue Art des Zeitmanagements. Exakte Terminplanung und Zeiteinteilung wirken kontraproduktiv, weil sie Spontaneität und Flexibilität einengen.
6. Das klassische Zeitmanagement verleitet zur überheblichen Annahme, wichtige Menschen seien stark beschäftigte Menschen mit ausgebuchtem Terminkalender. Statt vieles in die Zeit zu packen, ist es wichtiger, zu fragen, was packe ich nicht in die Zeit.

Letztendlich birgt der Begriff „Zeitmanagement" einen Widerspruch in sich: Wir können die Zeit gar nicht managen, sondern nur uns selbst.

Klassisches Zeitmanagement eignet sich für planende, ständig organisierende Menschen. Es ignoriert damit die unterschiedlichen Persönlichkeiten.

1.3 Chaos ist nur das halbe Leben

Aus den Schwächen des klassischen Zeitmanagements den Schluss zu ziehen, Zeitmanagement bringe gegen das alltägliche Chaos ohnehin nichts, wäre ebenso falsch wie der Versuch, ein penibler Planer zu werden. Ein für Sie *individuelles System* hilft Ihnen, sich besser zu strukturieren, und bringt Ihnen viele weitere Vorteile:

Leben, ohne von der Uhr diktiert zu sein
Über 70 Prozent der Berufstätigen standen nach einer Umfrage der GfK Marktforschung im Auftrag der Zeitschrift „Focus" im Jahr 1999 „oft" oder „manchmal" unter Zeitdruck. Nahezu zwei Drittel äußerten das Gefühl, ihr Leben werde oft oder manchmal von der Uhr diktiert.
Wer sich auf das Wichtigste im Leben konzentriert, hat mehr Zeit für Spontanes und für Kreatives, ist erfolgreich und nicht das Produkt des Zeitdrucks.

Abschied vom Volltischler
Auf den Schreibtischen mancher Menschen türmt sich bergeweise Papier und in Schubläden sammelt sich allerlei Unrat. „Bisher habe ich alle meine Sachen stets wiedergefunden", verteidigen sie sich, doch was sie dabei verschweigen, ist die Zeit und auch der Stress, den das Leben im Durcheinander mit sich bringt. Während die einen fieberhaft nach Dokumenten, Tickets und Schlüsseln suchen, können die Organisierten sich anderen, schöneren Aufgaben widmen.

Gerüstet für den Trend zur Selbstverantwortung

Wer sich nicht gut organisieren kann, ist den Anforderungen nicht gewachsen. Arbeitszeit wird zur Vertrauenszeit. Dabei zählt in Zukunft weniger die Anwesenheit am Arbeitsplatz als das Ergebnis zu einer vereinbarten Zeit. Der Mitarbeiter muss sich also selbst gut organisieren – wie es auch von Selbstständigen und Freiberuflern erwartet wird.

Ohne „Hurry Sickness" durchs Leben

Desorganisation und Stress liegen eng beieinander. Die Folgen des „Immer-schneller" und „Immer-und-überall" beginnen mit innerer Unruhe und werden leicht zum Dauerstress. Handys, Laptops, E-Mails und Internet verwischen die Trennung zwischen Arbeit und Freizeit.

In den USA gibt es für die Situation von Menschen, deren Kräfte durch Termindruck und Überarbeitung erschöpft sind, bereits einen neuen Begriff: Hurry Sickness. Diese *Hetzkrankheit* werde, so Dr. Ann McGee-Cooper, von dem widersprüchlichen Irrglauben ausgelöst, dass wir, wenn wir einfach alles genug beschleunigen können, letztendlich auch alles erreichen können.

Gegensätze fördern Kreativität

Viele Menschen glauben das Chaos zu brauchen, weil es schöpferisch ist. Ordnung steht für Langeweile, das vermeintlich kreative Chaos gilt als schick. Offensichtlich ein Trugschluss.

Die meisten Kreativen, so fand der US-Kreativitätsforscher *Mihaly Csikszentmihalyi* heraus, vereinen mehrere Gegensätze in sich. Sie verbinden zum Beispiel Disziplin mit Spielerischem, Verantwortungsgefühl mit Ungebundenheit. Sie nutzen konvergierendes und divergierendes Denken.

Keine Karriere als Messie

Mehr Selbstorganisation bringt Struktur in Ihr Leben und bewahrt Sie davor, in eine „Messie"-Laufbahn zu geraten. Messies sind chronisch unorganisierte Menschen (engl. *mess* = Unordnung), die ihr Chaotentum nicht mehr im Griff haben. Nach amerikanischem Vorbild haben sich mittlerweile auch in deutschen Städten Selbsthilfegruppen organisiert, in denen Messies versuchen, ihr Chaos zu bewältigen.

Der Ausweg aus der Tretmühle heißt: Zeitmanagement ist Lebensmanagement oder Life-Leadership®. Und das bedeutet:
- *Streben nach einer Balance zwischen den vier Lebensbereichen Beruf, Familie, Gesundheit und der Frage nach dem Sinn.*
- *Die Methoden und Hilfsmittel dafür müssen mit den persönlichen Verhaltensweisen übereinstimmen.*

Machen Sie eine kurze Bestandsaufnahme Ihrer **Lebensbalance,** indem Sie die Hauptzweige der Map ergänzen: Notieren Sie Ihre wesentlichen Werte und Rollen der einzelnen Bereiche. Machen Sie mit Symbolen kenntlich, ob Ihre Bereiche in einer gefühlten Balance sind.

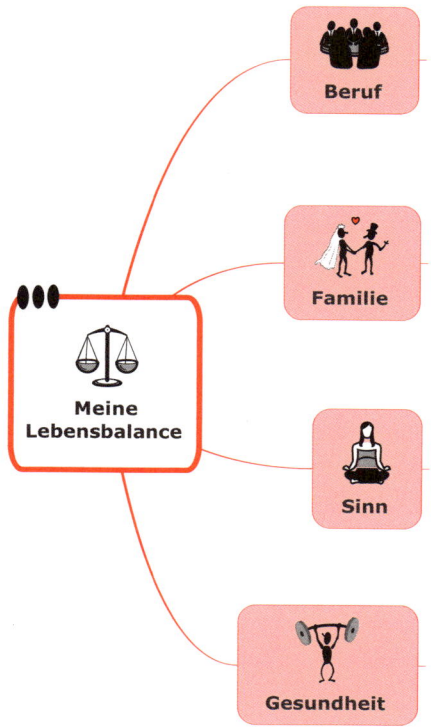

30 MINUTEN

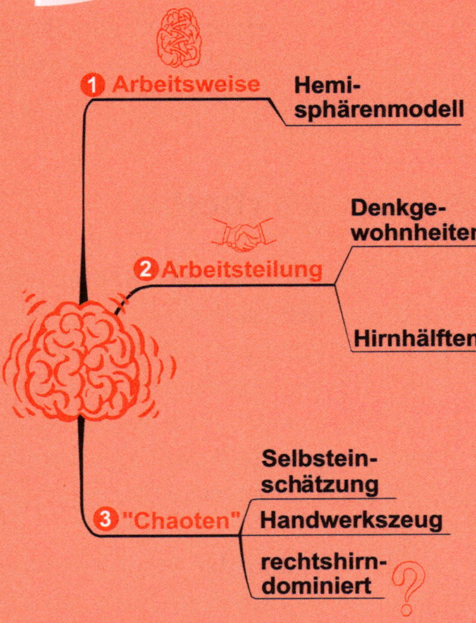

1 Arbeitsweise — Hemi-sphärenmodell

2 Arbeitsteilung — Denkge-wohnheiten — linkshirnig / rechtshirnig / trainiert

Hirnhälften — komplex / Nutzen

3 "Chaoten" — Selbstein-schätzung / Handwerkszeug / rechtshirn-dominiert

2. Denkprozesse des Gehirns

Die Entdeckungen der Hirnforschung helfen uns, die Unterschiede im Denken und Verhalten der Menschen besser zu verstehen. Noch längst nicht wissen wir alles über unser Gehirn. Doch in den vergangenen 40 Jahren gewannen Wissenschaftler wesentliche Erkenntnisse über das komplizierteste Organ des Menschens.

2.1 Wie das Gehirn arbeitet

Das menschliche Gehirn besteht aus zwei Hälften, die durch einen Balken, das *corpus callosum*, verbunden sind. Dieser Balken besteht aus einem dicken Bündel Nervenfasern. Beide Hemisphären (Gehirnhälften) sind sich in der Struktur ähnlich, haben jedoch unterschiedliche Funktionen. Jede *Gehirnhälfte* ist mit der jeweils gegenüberliegenden Seite des Körpers verbunden und erhält von dort direkte Impulse.

Mitte der sechziger Jahre begann der amerikanische Neuropsychologe *Roger Sperry* mit seinen „Split Brain"-

Untersuchungen, für die er im Jahr 1981 den Nobelpreis für Medizin erhielt. Sperrys Forschungsergebnisse brachten ein neues Verständnis für die Funktions- und Arbeitsweise des Gehirns.

Logisch-analytisches und kreatives Denken

Heute gibt es hinreichende Beweise, dass die beiden Hemisphären eine Arbeitsteilung vornehmen:

- Die *linke Hemisphäre* ist vorwiegend zuständig für das sprachliche Bewusstsein, für das logisch-analytische Denken und für die Fähigkeit, sich mit Worten zu verständigen.
- Die *rechte Hemisphäre* verfügt über eine wesentlich höhere Leistung im nicht-sprachlichen Denken, im Denken von Bildern und Analogien und im räumlichen Denken.

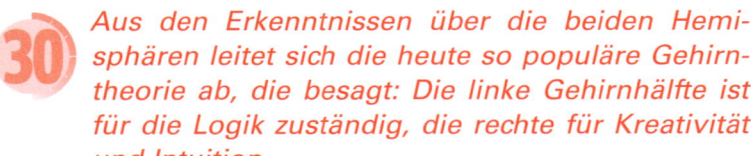

Aus den Erkenntnissen über die beiden Hemisphären leitet sich die heute so populäre Gehirntheorie ab, die besagt: Die linke Gehirnhälfte ist für die Logik zuständig, die rechte für Kreativität und Intuition.

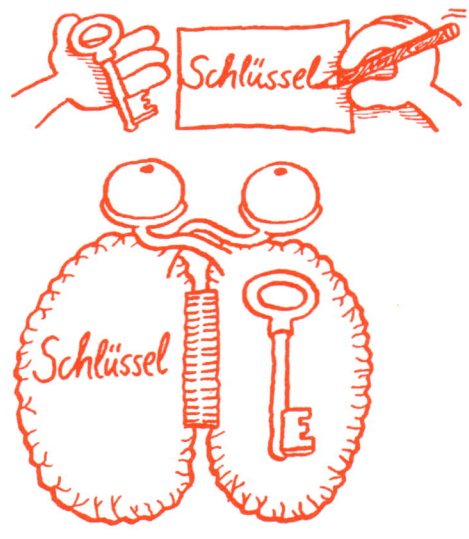

Die linke Gehirnhälfte ist zuständig für Sprache, die rechte eher für Bilder. Jede Hemisphäre ist mit der jeweils gegenüberliegenden Körperhälfte verbunden.

2.2 Die Arbeitsteilung der Gehirnhälften

Das Zusammenspiel der beiden Gehirnhälften ist jedoch wesentlich komplizierter, als es die einfache Einteilung in „rechts" und „links" glauben machen will. Forschungsergebnisse belegen auch, dass die beiden Hemisphären einander sehr ähnlich sind. Jede Hälfte kann – nach einer Durchtrennung des Balkens – nicht vollkommen, aber dennoch gut eigenständig funktionieren.

Kompliziertes Wechselspiel der Hemisphären

Jede Hemisphäre, so schreibt die Biopsychologin *Jerre Levy* in der Zeitschrift „Psychologie heute", arbeitet bei einer Aktivität mit ihren besonderen Fähigkeiten. Beim Lesen einer Geschichte zum Beispiel übernimmt die rechte Gehirnhälfte vorwiegend die Rolle, visuelle Informationen zu entschlüsseln und Humor und Gefühlvolles aufzunehmen. Die linke Hälfte hat ihren Arbeitsanteil darin, Satzstrukturen zu analysieren, Worte in Laute zu übersetzen und komplexe Wort- und Satzgebilde zu deuten.

Die geeignete Frequenz wählen

Robert Ornstein, amerikanischer Psychologe und einer der Pioniere der Hemisphärenforschung, kam zu dem Ergebnis, dass jede Gehirnhälfte auch die Aufgaben der anderen Hälfte übernehmen kann. Es wäre allerdings im Einzelfall uneffektiv. Warum, das erklärt er an folgendem Beispiel: Wer dasselbe Fernsehprogramm auf einem anderen Kanal etwas besser empfangen kann, wird wohl auch die günstigere Frequenz einstellen.

Viele sind „linkshirn-dominant"

Viele Menschen beanspruchen vorwiegend die linke Gehirnhälfte, weil sie nicht die Fähigkeit entwickelt haben, etwas ganzheitlich wahrzunehmen. Das Denken in Schulen und in unseren Bildungssystemen ist konzentriert auf Analyse und Logik. Die günstigere Frequenz dafür ist die linke Hemisphäre.

Andere Menschen haben sich die kreative Denkart von Kindern besser bewahrt und nutzen daher häufiger die rechte Frequenz.

Häufig missverstanden

Wenn in diesem Buch vereinfachend von linkshirnigen und rechtshirnigen Menschen die Rede ist, so bedeutet das nur eine grobe Charakterisierung, um die jeweils ausgeprägten Fähigkeiten zu verdeutlichen. Dabei geht es nicht darum, dass bei den rechtshirndominanten Menschen die linke Hälfte unterentwickelt ist und umgekehrt bei den linkshirn-dominanten die rechte Hälfte. Es geht vielmehr um das Training der Denkgewohnheiten. Nutzt jemand vorwiegend den „linkshirnigen" Denkstil, fehlt es am Training der rechten Hemisphäre. Der britische Mind-Map-Entwickler und Lernexperte *Tony Buzan* drückt diesen Sachverhalt so aus: „Wenn wir glauben, auf bestimmten Gebieten begabt und auf anderen unbegabt zu sein, dann beschreiben wir in Wirklichkeit solche Gebiete unseres geistigen Potentials, die wir erfolgreich entwickelt haben, und andere Gebiete, die ungeweckt brachliegen, die aber mit der richtigen Pflege durchaus zur Entfaltung gebracht werden könnten." (Buzan: Kopftraining, S. 19)

Denkgewohnheiten anderer verstehen lernen

Unsere Entwicklung ist von zwei Aspekten gekennzeichnet: Der große Wissensbedarf und das schnelllebige Wissen verlangen vom Menschen, sich zu spezialisieren, sich auf Teilbereiche zu konzentrieren. Damit verliert er allzu leicht den Überblick über Gesamtzusammenhänge. Gleichzeitig braucht die Gesellschaft aber ganzheitlich denkende Generalisten, weil Probleme fachübergreifend sind und ganz unterschiedliche Ursachen haben können. Werden Menschen mit logisch-dominanten Denkstrukturen mit einer solchen Aufgabe konfrontiert, reagieren sie hilflos, weil sie nicht mehr einseitig analysieren dürfen.

Spezialisten tun sich deshalb im beruflichen Miteinander häufig schwer, mit den vielseitigen Generalisten auszukommen.

Das Wechselspiel zwischen den beiden Gehirnhälften ist kompliziert. Forschungen haben jedoch gezeigt, dass bei den meisten Menschen eine Hemisphäre dominiert – auf dieser „Frequenz" können sie besser denken und arbeiten.

2.3 Desorganisierte sind eher rechtshirn-dominant

Es fällt jetzt nicht schwer, ausfindig zu machen, warum es den „Chaos-Menschen" widerstrebt, im Voraus zu planen und ihren Tages-, Wochen- und Monatsablauf penibel festzulegen. Dieses Kästchendenken liegt ihnen nicht.

Sie bevorzugen zum Lösen ihrer Denkprobleme vorwiegend die rechte Frequenz. Sie denken in Bildern und Analogien und lieben phantasievolle Dinge, die das linke Pendant meist als unvernünftig abtut.

Ganz ohne Systematik geht es nicht

Insgeheim wünschen sich jedoch auch die „Rechtshirnis", ihren Tagesablauf zu strukturieren und die Arbeit mit etwas mehr Systematik anzupacken. Und ohne richtungsweisende Verkehrsregeln beim Denken – die Logik – geht es ebenfalls nicht. Intuitiv und spontan produzieren die Chaos-Kreativen im Kopf viele Ideen. Sie wünschen sich Tools, um ihre Ideen auch umsetzen zu können.

Individuelles Handwerkszeug

Es liegt auf der Hand, dass die rechtshirn-dominanten und zum Chaos neigenden Menschen ein eigenes System brauchen, das ihren Denkgewohnheiten entspricht. Ein geeignetes, kreatives Werkzeug dafür ist die Mind Map. Näheres dazu im nächsten Kapitel.

Das Bewusstmachen, wie wir Denkprobleme lösen, hilft uns,

- **unsere Verhaltensweisen zu erkennen,**
- **die Verhaltensweisen anderer besser zu verstehen,**
- **ein individuelles System für ein effektives Selbstmanagement zu finden.**

Fortschritte erreichen wir dann, wenn wir Vernunft und Emotion zusammenführen.

Selbsteinschätzung

Welche Denkart ist bei Ihnen ausgeprägt?

	Stimmt	Stimmt nicht
Ich improvisiere gerne.	☐	☐
Beim Sprechen und Schreiben nutze ich häufig Analogien und Metaphern.	☐	☐
Ich kann mir Gesichter besser einprägen als Namen.	☐	☐
Ich gehe an Problemlösungen spielerisch heran.	☐	☐
Bei Entscheidungen verlasse ich mich lieber auf mein Gefühl als auf Fakten.	☐	☐
Ich kann verschiedene Dinge gleichzeitig tun.	☐	☐
Auch wenn ich nicht genau weiß, welche Ergebnisse herauskommen, versuche ich es erst einmal.	☐	☐
Ich lese lieber Romane als Fachbücher.	☐	☐

Wenn Sie mehr als vier Punkte mit „stimmt" beantwortet haben, dominiert bei Ihnen die *rechtshemisphärisch-intuitive* Art.

30 MINUTEN

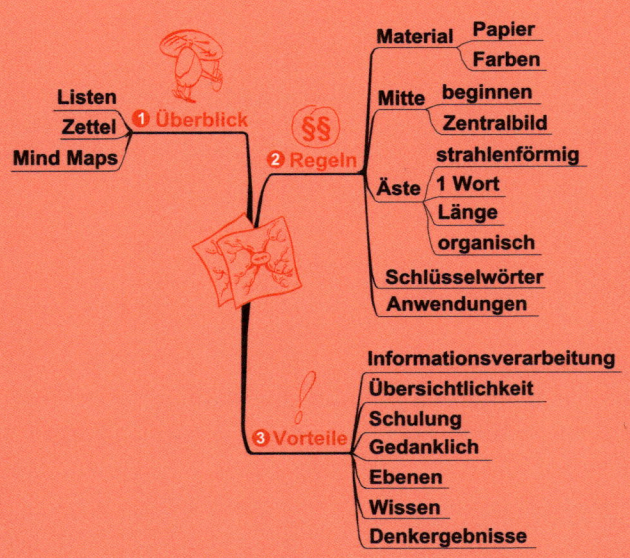

- Listen
- Zettel
- Mind Maps

❶ Überblick

❷ Regeln
- Material
  - Papier
  - Farben
- Mitte
  - beginnen
  - Zentralbild
- Äste
  - strahlenförmig
  - 1 Wort
  - Länge
  - organisch
- Schlüsselwörter
- Anwendungen

❸ Vorteile
- Informationsverarbeitung
- Übersichtlichkeit
- Schulung
- Gedanklich
- Ebenen
- Wissen
- Denkergebnisse

3. Mind Mapping als Arbeitstechnik

Die meisten Menschen sind damit vertraut, Informationen oder geplante Aktivitäten linear aufzulisten. Diese Vorgehensweise ist jedoch eine einseitige, weil sie viele Möglichkeiten des geistigen Potenzials des Menschen sehr unzureichend nutzt. Die Technik des *Mind Mapping* gleicht diesen Nachteil aus. Sie entspricht den menschlichen Denkprozessen wesentlich besser.

3.1 Der Helikopterblick über das Chaos

Wie notieren Sie sich das, was Sie nicht vergessen wollen? Wie planen Sie? Möglicherweise so: Sie fertigen sich Listen an, halten wichtige Termine in einem oder in mehreren Kalender/n fest, den Rest schreiben Sie auf Spickzettel. Die bessere Alternative: Sie haben all das übersichtlich auf einem Blatt Papier. Bunt und bilderreich prägen sich die Informationen besser in Ihr Gedächtnis ein. Das bunte Bild ist eine *Mind Map* (Gedankenkarte).

Mind Maps zum Strukturieren

Mind Mapping ist eine Notiz- und Merktechnik, die sich gut dafür eignet, Ideen zu sammeln und Gedanken zu strukturieren. Und sie unterstützt Sie effektiv bei Ihrer Selbstorganisation. Bei einer Mind Map werden um ein Wort oder Bild in der Mitte alle Informationen strahlenförmig und übersichtlich angeordnet. Zusammenhänge sind so schneller erkennbar. Anders als die gebräuchlichen linearen Notiztechniken aktiviert Mind Mapping das Wechselspiel der beiden *Gehirnhälften*.

Gehirngerechte Methode

Entwickelt hat diese Technik der britische Lernforscher *Tony Buzan*. Dabei orientierte er sich zum einen daran, wie Kinder lernen und ihr Gehirn nutzen. *Kinder* sind fasziniert von Farben und Bildern. Sie lernen spielerisch, weil sie noch nicht die Regeln und Einschränkungen verinnerlicht haben, die Erwachsene in Schule, Studium und Beruf erfahren. Zum anderen berücksichtigte Buzan wissenschaftliche Arbeiten über unsere Denkprozesse und das bis in die Antike reichende Wissen über Möglichkeiten und Training des Gedächtnisses.

Das Wesentliche der Methode

Drei Kriterien erachtete der Urheber der Methode als besonders wichtig:
1. die Assoziation,
2. das Hervorheben,
3. Netzwerke des Denkens.

1. *Assoziieren* heißt Verbindungen herstellen und diese miteinander verknüpfen. Das geschieht mithilfe von Linien, Pfeilen, Symbolen und Farben.
2. *Hervorheben* lassen sich Informationen oder Notizen durch die räumliche Anordnung, durch Größe der Darstellung, durch Bilder, verschiedene Schriftarten, Großbuchstaben und Farben.
3. Eine Mind Map verzichtet auf das lineare Anorden der Gedanken. Sie bildet die Informationen in einer *netzartigen* Struktur ab, die sich am Ablauf des Denkens orientiert.

Mit Mind Maps (Gedankenkarten) lassen sich Gedanken und Fakten übersichtlich festhalten. Bei dieser Technik werden beide Gehirnhälften aktiviert.

3.2 Die wichtigsten Regeln beim Mind Mapping

Für eine Mind Map brauchen Sie unliniertes Papier im Querformat sowie Farb- oder Filzstifte.

Lesen einer Mind Map

Sie lesen eine Mind Map vom Mittelpunkt ausgehend hin zu den Ästen und zu weiteren Verästelungen. Das Wichtigste steht in der Mitte. Nebenaspekte sind mit dem Mittelpunkt verknüpft und formen so eine baumartige Struktur der Gedankenskizze.

So zeichnen Sie Ihre Mind Map

1. *Zentrales Thema in die Mitte:* Beginnen Sie in der Mitte mit einem farbigen Bild, ergänzt mit einem Stichwort, das Ihr zentrales Thema ausdrückt.

2. *Für jeden Hauptpunkt einen Ast:* Für die einzelnen Hauptpunkte Ihres Themas zeichnen Sie – ausgehend vom Zentralbegriff – jeweils einen dicken gebogenen *Ast*, der zum Ende hin dünner wird. In der Regel hat eine Mind Map vier bis sechs solcher Hauptäste. Jeder Ast soll die gleiche Länge haben wie der dazugehörige Schlüsselbegriff.

3. *Für jeden Hauptpunkt einen Begriff:* Für jeden der Hauptäste wählen Sie jeweils nur einen *Schlüsselbegriff*. Er wird in Großbuchstaben über den Ast geschrieben. Der Schlüsselbegriff ist in der Regel ein Hauptwort, manchmal ein Verb, das Ihre Gedanken auf den Punkt bringen und ein inneres Bild entstehen lassen soll.

4. *In Druckbuchstaben schreiben.* Wenn Sie das Schlüsselwort in Druckbuchstaben schreiben, kann es schneller und zusätzlich noch als bildhafte Information aufgenommen werden.

5. *Farbig gestalten:* Verwenden Sie für die Hauptäste unterschiedliche Farben. Farben können auch dazu dienen, Zusammenhänge aufzuzeigen, wenn beispielsweise ein Wort auf mehreren Ästen gleichzeitig vorkommt. Mit Farben können Sie außerdem eine zusätzliche Bedeutungsebene in Ihre Mind Map bringen, indem Sie bestimmte Aufgaben, Per-

sonen oder Tätigkeiten verschiedenen Farben zuordnen.

6. *Zweige und Zweiglein für Nebenaspekte:* Aus den Hauptthemen entwickeln Sie weitere Gedanken. Dafür zeichnen Sie, ausgehend von den Hauptästen, weitere Zweige (Linien). Schreiben Sie wieder nur ein Wort auf die Linie, die jeweils nur so lang sein soll wie das dazugehörige Wort. Sie können die Linien mit weiteren Gedanken ergänzen, indem Sie die Verästelung beliebig weit nach außen fortsetzen.

7. *Bilder und Symbole:* Verwenden Sie statt Worten auch Bilder oder Symbole, etwa eine Blume für „schön", Smileys für Stimmungen, eine Einkaufstüte für Besorgungen. Pfeile können je nach Richtung den Zuwachs oder die Abnahme von etwas symbolisieren. Sie dienen auch als Querverbindungen zwischen zwei Ästen.

Umfangreiche Themen vorher strukturieren

Bei sehr umfangreichen Themen sollten Sie erst assoziieren und anschließend strukturieren. Machen Sie zunächst ein *Brainstorming*. Notieren Sie alle Gedanken, die Ihnen in den Sinn kommen – ohne jedoch bereits eine Struktur oder Ordnung erstellen zu wollen. Anschließend analysieren Sie Ihre Notizen. Achten Sie dabei auf Hierarchien und Kategorien.

Bunt und bilderreich

Farben und Symbole stimulieren Emotionen. Sie tragen dazu bei, dass sich das Bild besser einprägt und der Erinnerung auf die Sprünge hilft. Symbole sind auch empfehlenswert, wenn bestimmte Begriffe mehrmals vorkommen. Tätigkeiten wie telefonieren oder Briefe schreiben können Sie mit einem entsprechenden Symbol darstellen. Entwickeln Sie Ihren eigenen Stil, ausgedrückt in verschiedenen Farben, Symbolen, Bildern.

Beachten Sie bitte: Schreiben Sie keine Sätze auf die Äste. Präzisieren Sie Ihre Gedanken in einem Wort. Wenn Sie sich auf ein Wort beschränken, bleiben Sie flexibel. Sie behalten die Freiheit, in verschiedene Richtungen zu denken und neue Verbindungen zu finden.

Vielseitig anwendbar

Eine Mind Map können Sie privat wie beruflich nutzen. Fertigen Sie z.B. eine Mini-Mind-Map statt einer Einkaufsliste an oder stellen Sie den Ablauf eines Projektes mit dieser Technik dar. Wie Sie mit einer Mind Map Ihre Ziele visualisieren, Ihre Vorhaben strukturieren und den Alltag planen, erfahren Sie im nächsten Kapitel. Mind Mapping eignet sich beispielsweise für:

- Gesprächsprotokolle
- Vorbereiten von Workshops
- Zusammenfassung von Gelerntem
- Gedankenskizze für einen Vortrag
- Planung von Projekten
- Problemlösungen
- Zeitplanung und Selbstmanagement

Der Aufbau einer Mind Map folgt einem bestimmten Schema: Von einem Schlüsselbegriff ausgehend, werden verschiedene Äste und Ästchen abgezweigt, die Unterthemen behandeln. Arbeiten Sie mit Bildern, Farben und Symbolen.

3.3 Vorteile für Spontane und Anti-Systematiker

Mind Maps kommen den Verhaltensweisen all jener entgegen, die sich in kein enges Ordnungssystem drängen lassen. Darüber hinaus regen sie den Geist an, *kreativ* zu sein. Die Vorteile im Einzelnen:

- Sie können Informationen in beliebiger Form verarbeiten. Wenn Sie mit einem Gedanken (-Ast) nicht weiterkommen, können Sie zum nächsten übergehen und den vorhergehenden Gedanken später vervollständigen.
- Anders als beim linearen Auflisten von Informationen können Sie eine Mind Map nachträglich ergänzen, und trotzdem bleibt sie übersichtlich.
- Mind Maps offenbaren Lücken und machen deutlich, welche Gedanken Sie weniger gut entwickelt haben.
- Sie üben sich darin, Wesentliches von Unwesentlichem zu unterscheiden.
- Das Suchen von Schlüsselbegriffen trainiert Ihre sprachliche Fähigkeit, sich präzise auszudrücken, und bringt Ihre Gedanken auf den Punkt.

- Sie können schneller Schlussfolgerungen ziehen, weil Sie das Gedachte im Überblick sehen.
- Eine Mind Map visualisiert verschiedene Aspekte. Beim Vorbereiten eines Vortrags könnten Sie beispielsweise neben Ästen zum Inhalt auch Äste zu organisatorischen Gesichtspunkten einfügen.
- Sie können durch Farben und Symbole Wissen emotionalisieren und dieses dadurch besser behalten.

Tipps für Ihre Mind-Map-Praxis

Auch wenn Ihnen die Technik auf den ersten Blick etwas arbeitsaufwendig erscheint, nach ein paar Übungen geht sie Ihnen locker von der Hand.

Für Ihr tägliches kreatives Ideenmanagement können Sie auch auf eine *Mind-Mapping-Software* zurückgreifen – beispielsweise auf *MindManager*™ (www.mindjet.com).

Mind Mapping ist eine vielseitige Technik, die Ihre mentalen Fähigkeiten anspricht.
- **Farben und Symbole aktivieren Ihre Gefühle und Ihre spielerischen Persönlichkeitsanteile.**
- **Sie verbessern damit Ihre quantitativen und qualitativen Denkergebnisse.**
- **Mind Maps eignen sich für fast alle Arten von Notizen und Plänen – und ganz besonders auch für das Zeitmanagement.**

Die Abbildung zeigt einen **Jahresplan** (Schwalbenperspektive), der wichtige Themen für das aktuelle bzw. kommende Jahr enthält. Aus drucktechnischen Gründen vom Umfang her etwas reduziert. Dem einen Zweig „privat" stehen alle anderen Zweige mit beruflichen Themen gegenüber, ohne dass dies explizit notiert wurde. Zur besseren Strukturierung der Map wurde auf den Zweig „beruflich" verzichtet.

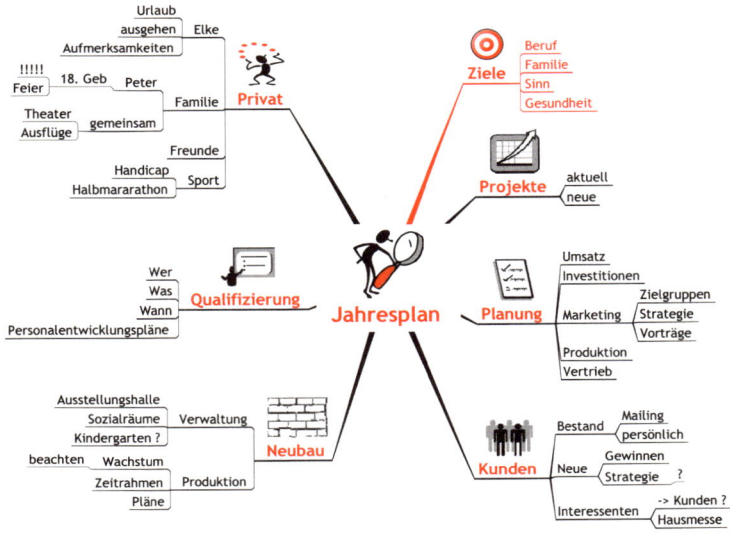

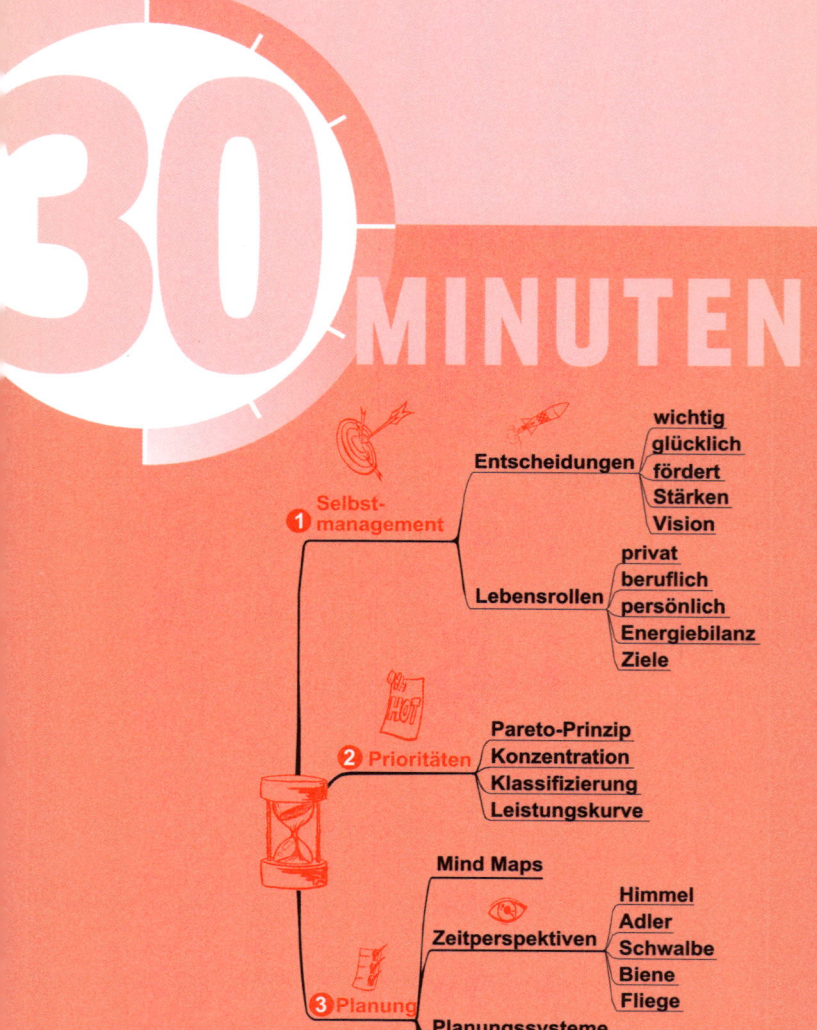

30 MINUTEN

1. **Selbstmanagement**
   - **Entscheidungen**
     - wichtig
     - glücklich
     - fördert
     - Stärken
     - Vision
   - **Lebensrollen**
     - privat
     - beruflich
     - persönlich
     - Energiebilanz
     - Ziele

2. **Prioritäten**
   - Pareto-Prinzip
   - Konzentration
   - Klassifizierung
   - Leistungskurve

3. **Planung**
   - Mind Maps
   - **Zeitperspektiven**
     - Himmel
     - Adler
     - Schwalbe
     - Biene
     - Fliege
   - Planungssysteme
   - **Regeln**
     - Spaß
     - flexibel
     - visualisiert
     - einfach
   - individuell

4. Zeitmanagement mit Mind Maps

Unsere *Tempogesellschaft* verlangt flexibles und schnelles Handeln. Getrieben von Terminzwängen versäumen es viele, sich klar zu werden, was sie im Leben überhaupt erreichen wollen. Mithilfe von Mind Maps können Sie Ihre Lebensziele visualisieren, sich effektiver strukturieren und den Blick auf das Wesentliche lenken.

4.1 Die Kunst, sich selbst zu managen

Zeitmanagement bedeutet, Rhythmen statt Tempo zu leben – sich auf das zu konzentrieren, was für einen persönlich wirklich wichtig ist. Wenn Sie bewusst mit dem kostbaren Gut *Zeit* umgehen wollen, müssen Sie sich über Folgendes im Klaren sein:

- Welche *Ziele* und Aufgaben stellen Sie in den Mittelpunkt Ihres Lebens?
- Welches *Lebenszeit-Kapital* möchten Sie dafür einsetzen?

Die Entscheidung, was im Leben *Priorität* hat, ist eine der schwierigsten. Sie sollten sie treffen, bevor Sie Pläne schmieden.

Denken Sie kurz nach:
Was ist mir wichtig in meinem Leben?

_____

Was macht mich glücklich?

_____

Was fördert mich?

_____

Welche sind meine Stärken?

_____

Wo möchte ich in fünf bzw. zehn Jahren stehen?

_____

Was möchte ich am Ende meines Lebens erreicht haben?

_____

Beachten Sie bitte

Hinter diesen Fragen verbergen sich Fallstricke. Es geht um Ihre persönlichen Antworten. Viele lassen sich davon leiten, was sie erreichen sollen – weil es andere so wünschen. Seien Sie jedoch ehrlich zu sich selbst! Notieren Sie nicht die Erwartungen, die der/die Partner/in, die Chefs oder Freunde an Sie haben.

Was Lebensrollen fordern

Eingebunden in das gesellschaftliche Netzwerk, nimmt jeder Mensch im Laufe seines Lebens unterschiedliche Rollen ein:

- Im *privaten* Bereich als Freund/in, Ehe- oder Lebenspartner/in, Elternteil oder Vereinsmitglied.
- Im *beruflichen* Bereich als Kollege/in, Chef/in, Unternehmer/in, Selbstständige/r.
- Im *persönlichen* Bereich als Verantwortliche/r für die eigene Entwicklung, für Gesundheit, Hobbys.

Jede Rolle, die Sie einnehmen, fordert einen Beitrag. Je nachdem, welche Ziele Sie erreichen wollen, verlangen diese Rollen mehr oder weniger Zeit und Energie.

Persönliche Energiebilanz

Ziehen Sie Bilanz: Welcher Einsatz an Zeit, Energie und Gefühlen ergab bei welchen Rollen welchen Rückfluss? So können Sie beurteilen, welche Lebensrollen einen mehr oder weniger positiven Saldo haben. Visualisieren Sie die Ergebnisse in Ihrer Mind Map mit Symbolen.

Ziele sind Wegweiser

Weil viele Menschen keine *Ziele* haben, haben sie auch nur eine vage Vorstellung dessen, was sie wirklich wollen. Wir brauchen Wegweiser, um unsere Entscheidungen in die gewünschte Richtung zu lenken. Je präziser Ihre Vorstellungen über etwas sind, desto genauer wissen Sie, was Sie wollen. Und desto eher sind Sie in der Lage zu handeln, um den gewünschten Zustand zu erreichen.

Der Vorteil einer Lebensziel-Mind-Map

Zeichnen Sie nun eine Mind Map zu Ihren *Lebenszielen*. Der Vorteil: Je häufiger Sie die Mind Map anschauen, desto stärker verankert sich das Bild in Ihrem Gehirn und in Ihren Gefühlen. Je stärker Sie Ihre Ziele wahrnehmen, desto mehr bemühen Sie sich auch, diese zu erreichen. Hochleistungssportler arbeiten mit so genannten mentalen Zielfotos. Sie verankern ein Bild mit den gewünschten Zielen vor ihrem geistigen Auge.

Das Bewusstmachen der eigenen Rollen und Ziele ist der erste Schritt zu einer besseren Selbstorganisation. Wer sich vorher Gedanken über das Wohin seines Tuns macht, tut sich leichter bei Entscheidungen, die miteinander konkurrieren.

4.2 Die wichtigsten Dinge zuerst

Kennen Sie Aussagen wie diese: „Ich arbeite zurzeit an drei Projekten auf einmal. Eigentlich müsste ich mich auf eines konzentrieren, aber ..." Solche Menschen gehen abends mit dem unzufriedenen Gefühl nach Hause, mit keinem ihrer Projekte vorwärtsgekommen zu sein. Andere dagegen erledigen in ihrer verfügbaren

Zeit um ein Vielfaches mehr und haben Freiräume für Kreatives und Privates.

Das Pareto-Prinzip
Dieses Prinzip besagt, dass oft nur 20 Prozent der strategisch richtig eingesetzten Zeit und Energie 80 Prozent der Ergebnisse einbringen.

Abschied vom „Immer und überall"
Den wirklich wichtigen Aufgaben Vorrang einzuräumen, ist eine der entscheidenden Aussagen des Zeitmanagements. Die Desorganisierten halten meist alle Aktivitäten für irgendwie wichtig, weil sie sich gerne mit verschiedenen Aufgaben gleichzeitig beschäftigen. Sie konzentrieren sich auch deshalb ungern auf eine Tätigkeit, weil sie befürchten, etwas zu verpassen.

Gefahr des Verzettelns
Stets auf der Suche nach Neuem, vertiefen sich die Planlosen zeitweise in belanglose Tätigkeiten. Dafür schieben sie wichtige Aufgaben oft vor sich her und erkennen zu spät die Chancen, die darin stecken. Wer vieles gleichzeitig macht, verzettelt sich. Effektiver wäre es, sich weniger vorzunehmen.

> Überlegen Sie bitte:
> Welche Aufgaben, die ich heute erledigen will, sind wirklich wichtig?

Bei welchen Tätigkeiten besteht die Gefahr, dass ich mich verzettle?

_____

Was unterscheidet Wesentliches von Unwesentlichem?

Das *traditionelle Zeitmanagement* teilt die Aktivitäten in vier Kategorien ein und wertet diese mit A, B, C und P. Diese Einteilung gibt erste Anhaltspunkte darüber, wie Sie Wichtiges von Unwichtigem trennen können.

- *A-Aufgaben* stehen für Wichtiges *und* Dringliches. Zum Beispiel für Angebote, wichtige Telefonate oder wichtige Post. In diesem Fall gilt immer: Sofort und auch persönlich erledigen. Hier geht es meist um Ziele, Ergebnisse, Zukunft.
- *B-Aufgaben* stehen für Wichtiges, aber *nicht* Dringliches. Solche Aktivitäten machen von alleine auf sich aufmerksam: Zu dieser Kategorie zählen zum Beispiel Steuererklärung, Quartalsberichte oder auch ein angekündigtes Telefonat.
- *C-Aufgaben* stehen für dringlich, aber nicht wichtig. Vieles von dem, was sich als „dringlich" meldet (zum Beispiel bestimmte Anrufe), ist nicht wichtig und kann delegiert werden.
- P steht für *Papierkorb*. Manche Aufgaben sind weder dringend noch wichtig, und dafür gibt es nur eine Antwort: den Papierkorb.

Der wichtigste Grundsatz der Prioritätenregelung heißt: *Tue das Wichtige vor dem Dringlichen!* Die wichtigste Regel lautet: *Das Dringliche ist selten wichtig, das Wichtige selten dringend.*

Wichtiges gerät leichter in Vergessenheit

Anders als das Dringliche macht das Wichtige in der Regel nicht von sich aus auf sich aufmerksam. Deshalb gerät es auch leichter in Vergessenheit. Wer beispielsweise die wichtige Aufgabe, ein gesundheitsbewusstes Leben zu führen, vernachlässigt, wird meist erst dann darauf aufmerksam gemacht, wenn er mit seinen körperlichen und seelischen Kräften am Ende ist.

Die alternative Bewertungspraxis

Die A-B-C-Klassifizierung ist für all jene optimal, die eine konventionelle Zeitplanung bevorzugen. Wenn Ihnen dieses System nicht zusagt, weil Sie sich schwertun, Ihre Tätigkeiten korrekt nach A, B, C und P zu trennen, können Sie *mit Farben arbeiten*.

Rot für Muss-Aufgaben

Eine bevorzugte Methode für „visuelle" Menschen sind *bunte* Punkte, mit denen sie die Wichtigkeit der Aufgaben in ihrer Mind Map bewerten. Zum Beispiel

- Muss-Aufgaben mit *roten*,
- Routine-Aufgaben mit *blauen*,
- Aufgaben, die sie delegieren, mit *gelben*
- und Privates mit *grünen* Punkten.

Unser Tipp: Wenn Sie Dokumente auf Ihrem Schreibtisch nach Prioritäten ordnen, können Sie bunte Haftzettel verwenden. Der Vorteil dieser Haftzettel ist ihre Beweglichkeit. Haben sich Prioritäten verschoben, lassen sich auch die Post-its einfach ändern. So sind Sie immer auf dem neuesten Stand. Außerdem machen Farben lustvoller auf Wichtiges aufmerksam.

Prioritäten und Leistungskurve

Jeder Mensch hat seine individuellen Hochs und Tiefs im Tagesablauf. Diesen biologischen Rhythmus sollten Sie berücksichtigen, wenn Sie wichtige Aufgaben verrichten.

Die Hochs und Tiefs im Durchschnitt

Für einen Großteil der Menschen gilt:

- Der Leistungs-Höhepunkt wird vormittags gegen 10 Uhr erreicht.
- Der Nachmittag ist zumeist ein Tief, das bis etwa 16 Uhr anhält.
- Danach steigt die Leistungskurve bis etwa 20 Uhr an, um danach wieder abzufallen.
- Das absolute Leistungstief stellt sich gegen vier Uhr morgens ein.

Finden Sie Ihre *persönliche Leistungskurve* heraus! Falls Sie noch nicht wissen, wann Sie besonders leistungsfähig sind und wann weniger: Beobachten Sie sich einmal einige Tage.

Während des Leistungstiefs

In diesen Zeiten erledigen Sie am besten unwichtige Post und Telefonate sowie E-Mails und andere Routinearbeiten. Die Zeit im Leistungstief können Sie auch nutzen für soziale Kontakte, für Besorgungen und – wenn es möglich ist – für Ihre körperliche Fitness.

Rücken Sie die wirklich wichtigen Ideen, Vorhaben und Aufgaben, mit denen Sie Ihren Zielen einen Schritt näher kommen, ins Zentrum. Berücksichtigen Sie neben den beruflichen auch Ihre privaten und persönlichen Wünsche. Sie schaffen mehr, wenn Sie Ihre Hochs und Tiefs kennen und nutzen.

4.3 Weniger Hektik mit individueller Planung

Wenn wir Chaos, Hektik, Stress und Zeitmangel in den Griff bekommen wollen, müssen wir zuallererst bei uns selbst beginnen. Es sind weniger die äußeren Umstände, denen wir so gerne die Verantwortung zuschieben. Wir entscheiden selbst, was wir tun und was nicht. Doch selten fragen wir nach den Gründen, warum wir etwas so und nicht anders tun. Im Laufe des Lebens haben wir uns Denkschablonen zurechtgelegt, nach denen wir oft unbewusst entscheiden und handeln.

Denken Sie bitte über diese Fragen nach:
Wofür hätte ich gerne mehr Freiräume?

_____

Bei welchen Aktivitäten nehmen mir andere Freiräume weg?

_____

Welches Handeln verursacht bei mir Hektik?

_____

Warum lasse ich zu, dass Hektik entsteht?

_____

Systematische und spontane Planer

Menschen gehen unterschiedlich vor, wenn sie ihre Aktivitäten planen. Den einen gelingt es relativ leicht, sich Ziele zu setzen, Aufgaben zu strukturieren, detaillierte Pläne auszuarbeiten und danach Schritt für Schritt zu handeln. Solche *Systematiker* sind zufrieden, wenn sie eine Aufgabe erledigt haben und sich der nächsten widmen können. Die Gefahr dabei ist, sich zum Sklaven seiner Planung zu machen. Den *spontanen* und emotionalen Menschen ist diese Vorgehensweise gänzlich zuwider. Sie lassen sich vielmehr von Stimmungen und Gefühlen leiten. Zahlreiche Aufgaben schreien auf dem dienstlichen und dem privaten Schreibtisch nach Erledigung. Das stört die Chaoten zuweilen gar nicht. Dabei berücksichtigen sie allerdings nicht, dass Aufgaben Aufmerksamkeit und Energie binden.

Aufgaben und Projekte verlieren an Komplexität, wenn sie in kleine, überschaubare *Teilaufgaben* zerlegt werden, visualisiert und mit Terminen versehen werden. Danach geht auch das Tun schneller von der Hand.

Keep it easy

Dr. Ann McGee-Cooper hat vier Regeln herausgefunden, mit denen *divergente Menschen* (vgl. Seite 15) bei ihrer Zeitplanung mehr Erfolg haben:

- „Einfach halten!
- Viel visualisieren!
- Flexibel bleiben!
- Spaß daran haben!"

Planungssystem – Qual der Wahl

Tages-, Wochen- oder Monatskalender, Taschen-, Tisch- oder Wandkalender? Welche ist die beste Lösung? Diese Frage stellt sich zwangsläufig, wenn Sie aus dem großen Angebot an Kalendern und Zeitplansystemen wählen sollen. Die Antwort: Jeder muss für sich die praktikabelste Lösung finden.

Kreative sind keine Kästchendenker

Kreative kommen mit den ausgetüftelten Zeitplansystemen in der Regel nicht zurecht. Die vielen vorgegebenen Linien engen ein, das ständige Übertragen von Terminen und Aufgaben ist lästig. Das Gegenteil – eine lose Zettelwirtschaft – schmälert das Chaos ebenfalls nicht. Auf der Suche nach einem Ausweg verteilen manche ihre Aufgaben und Termine in mehrere Kalender: einer für Projekte, einer für Privates, ein anderer für Besorgungen. Auch diese Wahl ist nicht effektiv.

Versuchen Sie es mit einer kreativen Lösung, einem *Mind-Map-System*. Es verlangt kein feinsäuberliches Planen, kein Umtragen oder Radieren, und Sie kommen mit einem Kalender aus. In diesem Fall fertigen Sie für Ihre Aktivitäten in dem gewählten Zeitraum eine Mind Map an und verwenden für Termine ein schlichtes Kalendarium. Die Basis für diese Planung bietet ein Merkbuchsystem der Firma *tempus*. Es besteht aus Formularen für Mind Maps und einem Kalendarium (vgl. Hinweis auf Seite 89). Alternativ oder zusätzlich können Sie Ihre Ziele, Ideen und Zeitpläne auch mit der Mind-Map-Software *MindManager*™ (www.mindjet.com) entwickeln und mit anderen Office-Dateien und Internet-Websites verknüpfen. Ebenso können die Inhalte einer Mind Map im Intra- bzw. Internet verbreitet oder ins Netz gestellt werden.

Mind Maps für verschiedene Zeitperspektiven

Abhängig von Ihrer persönlichen Lebenssituation können Sie Mind Maps für unterschiedliche Zeiträume anfertigen. Empfehlenswert sind folgende Zeitperspektiven:

- Die *Himmels*perspektive ist Ihre Lebensvision und berücksichtigt alle langfristigen Ziele, die Sie zum jetzigen Zeitpunkt vor Augen haben.
- Die *Adler*perspektive ist ein Mehrjahresplan für die nächsten zwei bis zehn Jahre.

- Die *Schwalben*perspektive ist ein Einjahresplan.
- Die *Bienen*perspektive ist ein Monatsplan.
- Die *Fliegen*perspektive ist ein Tages-/Wochenplan.

Bitte beachten Sie: Alles, was für die persönlichen Lebensziele relevant ist, sollten Sie auch in den Nachfolgeplänen (Jahres-, Monats-, Wochen-, Tagesplan) berücksichtigen.

> Überlegen Sie:
> - Welcher Planungszeitraum ist für mich der geeignete?
> - Wann beginne ich mit der Planung?

Das Wichtigste im Blickfeld

Wem der Blick auf das Ganze fehlt, der hält sich mehr in den Nebensächlichkeiten auf. Sie brauchen keine aufwendigen Planungsrituale, beschränken Sie sich auf das, was wichtig ist. Planen Sie Ihre Aktivitäten, dann
- haben Sie das richtige Timing,
- verpassen Sie nicht die wichtigen Aufgaben,
- erledigen Sie die Dinge nicht auf den letzten Drücker,
- haben Sie weniger Chaos auf dem Schreibtisch,
- strapazieren Sie weniger die Nerven Ihrer Kollegen und
- Sie produzieren auch weniger häusliche Krisen.

Die schriftliche Aufzeichnung hat noch einen Vorteil: Wer sich nicht so viel merken muss, kann der Kreativität freien Lauf lassen. Zukünftig werden nicht mehr so viele Ihrer Ideen wie bisher im Sande verlaufen.

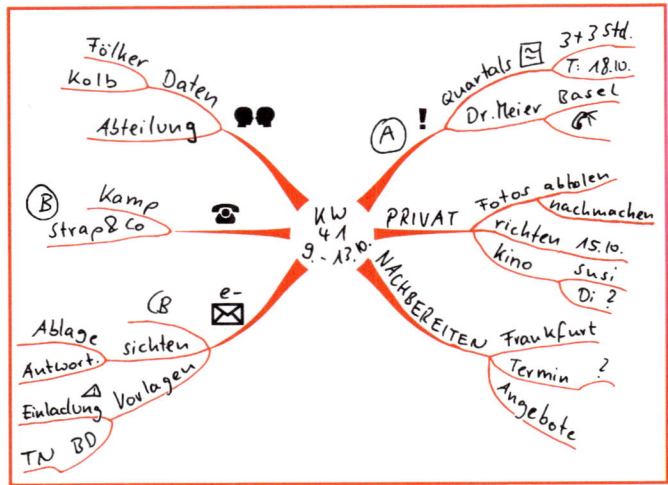

Fliegenperspektive: Der Wochenplan als Mind Map

Tipps für Ihren Tages- oder Wochenplan

- Berücksichtigen Sie in Ihrer Mind Map auch persönliche Aktivitäten, auf die Sie sich freuen. Zum Beispiel: Essen mit Freunden, Kino, Fitness.
- Zeichnen Sie einen „Ast" mit Ihren Wünschen ein.
- Verwenden Sie für bestimmte Angelegenheiten bestimmte Farben und Symbole.
- Überlegen Sie, wann Sie die Aufgaben, die an keine Termine gebunden sind, am besten erledigen kön-

nen, und notieren Sie die Zeiten. Vergessen Sie dabei nicht, Ihren Biorhythmus zu berücksichtigen.

- Packen Sie nicht zu viele Termine in Ihren Tag.
- Denken Sie im Voraus auch an die versteckten Zeitfresser wie Wartezeiten oder Staus.
- Kennzeichnen Sie die Aufgaben, die Vorrang haben, farblich oder mit Symbolen.
- Machen Sie einen Haken oder ein Symbol, wenn eine Aufgabe erledigt ist.

Planen mit Mind Maps zwingt Sie nicht in ein starres, lineares Zeitkorsett. Die grafische Darstellung kommt den visuell geprägten und spontanen Menschen entgegen. Mit einem Mind-Map-Plan haben Sie einen ganzheitlichen Überblick über Ihre Aktivitäten, der jederzeit leicht zu ergänzen ist.

- *Wenn Sie mit Mind Maps planen, gestalten Sie Ihre Zeit aktiv.*
- *Überlegen Sie zunächst, was Ihre (Lebens-)Ziele sind.*
- *Setzen Sie Prioritäten und planen Sie individuell.*

30 MINUTEN

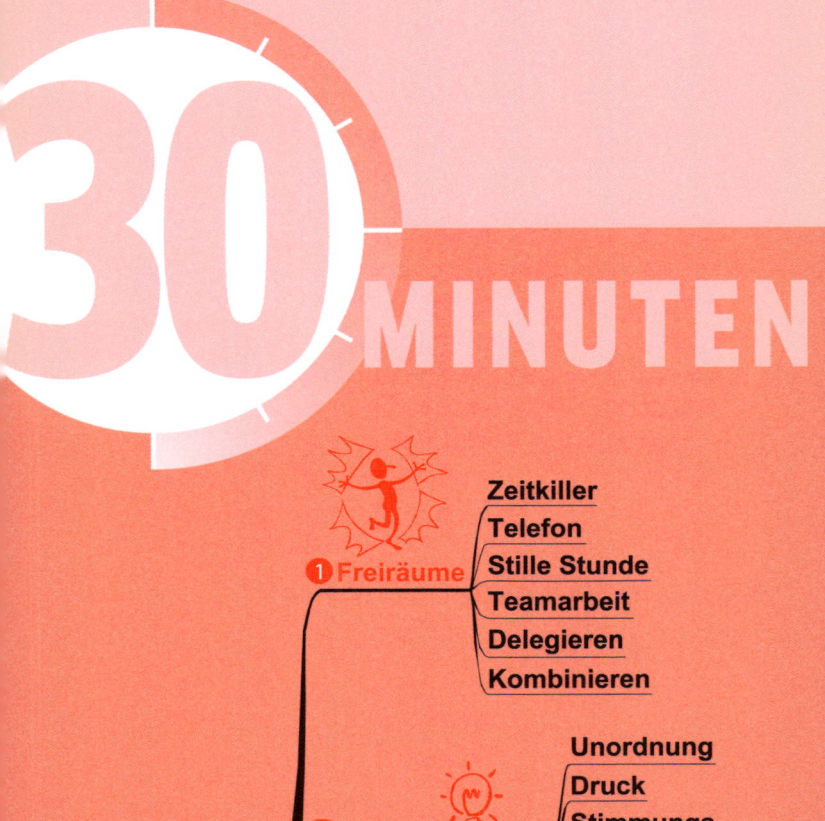

1 Freiräume
- Zeitkiller
- Telefon
- Stille Stunde
- Teamarbeit
- Delegieren
- Kombinieren

2 Überlisten
- Unordnung
- Druck
- Stimmungs-schwankungen
- Langeweile
- Desinformation
- Zerstreutheit
- Blockaden

3 "Nein"-Sagen
- Hindernisse
- lernen
- Zeitgefühl

5. Das Chaos im Griff

Im vorangegangenen Kapitel haben Sie das Werkzeug kennengelernt, mit dem Sie die Zeit für Ihre Prioritäten besser einteilen und Aufgaben und Ziele übersichtlich organisieren. Mit der *richtigen Einstellung* und mit originellen Ideen räumen Sie zusätzlich viele Zeit- und Selbstmanagement-Probleme aus dem Weg.

5.1 Wie Sie sich mehr Freiräume schaffen

Kennen Sie diese Situation? Am Wochenende begleitet Sie ein Stapel unerledigter Dokumente nach Hause. Diese schlummern meist bis Montag in der Wohnzimmerecke in Ihrer Aktentasche und mahnen ständig, das Wochenende nicht zu genießen, sondern Unerledigtes aufzuarbeiten. Dieses Hin- und Hertragen von *Unerledigtem* wäre in vielen Fällen gar nicht nötig. Viele Arbeiten könnten in wesentlich kürzerer Zeit erledigt werden – wären da nicht die vielen Unterbrechungen, Störungen und konkurrierenden Tätigkeiten, die den Arbeitsplan durchkreuzen.

Sich nur durch Wichtiges ablenken lassen

Bestimmte ungeplante Aufgaben verlangen zwar, dass Sie *flexibel* reagieren und Ihre Arbeit unterbrechen. Sie sind wichtig, weil der Chef oder die Kunden es so fordern. Planen Sie daher genügend Pufferzeiten für die unerwarteten wichtigen Ereignisse ein. Vieles, was den Tagesablauf unterbricht, hat diese Wichtigkeit jedoch nicht. An manchen Tagen will jeder immer alles sofort, am besten schon vorgestern. Was oft von anderen als ganz wichtig deklariert und deshalb gleich getan wird, liegt später häufig beim anderen tagelang unbearbeitet im Eingangskorb. In solchen Fällen hilft es, an die *eigenen Prioritäten* zu denken. Entscheiden Sie, wie wichtig es Ihnen ist, Ihre eigentliche Aufgabe fertig zu bringen oder sie für anderes zu unterbrechen.

Zeitkiller analysieren

Die kreativen, zum Chaos neigenden Menschen suchen gerne im Gespräch mit anderen nach interessanten Abwechslungen. Unterbrechungen stören sie wenig. Es kommt ihnen meist gar nicht in den Sinn, dass die berüchtigten Zeitkiller sie häufig daran hindern, ihr Arbeitspensum zu schaffen: unangemeldete Besucher, Telefonanrufe, Kollegen und Mitarbeiter, die um Unterstützung bitten oder nur Geselligkeit suchen. Zahlreiche solcher Störungen oder Bitten um Gefälligkeiten machen Ihren Zeitplan hinfällig. Sie schieben Wichtiges auf die lange Bank, leiden unter Termindruck und grenzen Ihre persönlichen Freiräume ein.

Analysieren Sie Ihre täglichen Störungen:
Zu welchen Tageszeiten habe ich die meisten Störungen?

_____

Wer unterbricht mich häufig bei meiner Arbeit?

_____

Was sind die häufigsten Gründe dafür?

_____

Telefon – nicht jede Störung ist wichtig

Viele Gespräche, die Sie erreichen, haben geringe Priorität. Oft sind es nur Kollegen oder Freunde, die ein wenig Unterhaltung suchen. Denn sie wissen vielleicht aus Erfahrung, dass Sie gerne am *Telefon plaudern*. Lassen Sie Ihre Zeit nicht von anderen beherrschen.

- Sagen Sie dem Anrufer freundlich, dass Sie jetzt leider keine Zeit haben, und vereinbaren Sie, wenn es nötig ist, einen Zeitpunkt für den Rückruf.
- Erledigen Sie Ihre Anrufe, bevor Sie wichtige Tätigkeiten beginnen.

Stille Stunde – in kurzer Zeit mehr erledigt

Bauen Sie in Ihren Tagesablauf eine *Stille Stunde* ein, in der Sie konzentriert und effektiv arbeiten. Je häufiger Sie anspruchsvolle Arbeiten unterbrechen, desto mehr Energie müssen Sie aufwenden. Häufige Störungen beanspruchen das Doppelte oder sogar das Dreifache der

Energie, die ohne Unterbrechung nötig wäre. Wählen Sie den Zeitpunkt für die Stille Stunde möglichst nach Ihrer persönlichen Leistungskurve aus. Informieren Sie Ihre Mitarbeiter und Kollegen, dass Sie während dieser Zeit ungestört sein möchten. Leiten Sie Anrufe um oder schalten Sie während der Stillen Stunde Ihren Anrufbeantworter ein.

Teams – täglich 10 Minuten Austausch

Wenn Sie im Team arbeiten, ist es sinnvoll, morgens jeweils 10 bis 15 Minuten mit Kollegen, Mitarbeitern und/oder mit Ihrer Sekretärin zu besprechen, was zu tun ist. Damit beugen Sie mancher Störung im Tagesablauf vor.

Unser Tipp: Motivieren Sie sich gegenseitig, jeden Tag etwas Ungewohntes zu tun, das zum gemeinsamen Erfolg beiträgt.

Delegieren – Vertrauen in andere

Entscheiden Sie bei Ihren Aktivitäten, ob Sie die Tätigkeit selbst ausführen oder ob Sie diese nicht ebenso gut an Mitarbeiter, an andere Abteilungen oder an externe Servicestellen übertragen können.

Viele Menschen weigern sich, Aufgaben an andere zu delegieren. Sie sind der Meinung, nur Sie selbst könnten alles am besten lösen. Wenn Sie jedoch Aufgaben an fähige Mitarbeiter übertragen, können Sie Ihre Energie für wichtigere Tätigkeiten einbringen. Was Sie dabei beachten sollten:

- Delegation ist dann wirksam, wenn die Arbeitsorganisation gut ist.
- Legen Sie für alle verständlich fest, wie das Ergebnis aussehen soll. Visualisieren Sie das gewünschte Ergebnis.
- Vereinbaren Sie einen verbindlichen Termin für die Fertigstellung.
- Notieren Sie diesen in Ihrem Kalender oder im Zeitplanbuch.

Tätigkeiten – manche lassen sich kombinieren

Spontane Menschen lieben es, mehrere Aufgaben gleichzeitig zu bearbeiten. Bei wichtigen Aufgaben ist es jedoch effektiver, sich auf eine Sache zu konzentrieren und diese abzuschließen.

In bestimmten Situationen lassen sich zwei Tätigkeiten kombinieren, ohne dass die Effektivität darunter leidet. Im Gegenteil: Sie ist sogar höher. Sie gewinnen Zeit und haben zugleich mehr Spaß daran. Suchen Sie sich aus den nachstehenden *Tipps* diejenigen aus, die am besten zu Ihnen passen, und nutzen Sie diese, wenn Ihre Zeit knapp ist.

- Ein *Arbeitsgespräch* muss nicht unbedingt immer im Büro stattfinden. Wenn es sich vereinbaren lässt, verbinden Sie damit einen Spaziergang. Das fördert die Gesundheit und auch den Geist. Denn die besten Ideen entstehen häufig an ganz ungewöhnlichen Orten.
- Wenn Sie längere Strecken mit dem *Auto fahren*, können Sie gleichzeitig Hörbücher oder Sprachkassetten nutzen.

- Nehmen Sie sich für Reisen und *Wartezeiten* an Bahnhöfen und Flughäfen Artikel und Berichte mit, für deren Lektüre Sie im Büro keine Zeit haben.
- Wenn Sie auf einen *Rückruf* warten, können Sie in der Zwischenzeit ein paar Fitnessübungen einbauen.

Wichtig: Achten Sie auf eine ausgewogene *Balance* zwischen Business und Privatleben. Arbeit ist nur eine Seite. Nicht jede freie Zeit soll mit Aktivitäten gefüllt sein. Manchmal ist es effektiver, gar nichts zu tun.

Sie gewinnen mehr Zeit, indem Sie Zeitkiller ausschalten, vermehrt delegieren und konzentrierter arbeiten. Planen Sie jeden Tag eine Stille Stunde ein, während der Sie nicht gestört werden.

5.2 Wie Sie sich selbst überlisten

Viel Zeit verstreicht uneffektiv, weil wir mit den Gedanken nicht bei der Sache sind. Wir erledigen eine Arbeit, denken an etwas anderes und sind deshalb auch nicht besonders produktiv. Manchmal sehen wir darin eine willkommene Abwechslung, die Arbeit zu unterbrechen. Pausen sind effektiv, längere Tagträumereien dagegen nicht.

Wenn Gedanken blockiert sind

„Ich komme einfach nicht weiter", „Mir fällt nichts ein", sagt Ihre innere Stimme. Je mehr Sie sich bemühen, von den störenden Gedanken wegzukommen, desto stärker werden die Gedanken, desto mehr Unruhe kommt auf, wenn Termine anstehen. Wird der Stress zu groß, kann man häufig keinen klaren Gedanken mehr fassen. Schenken Sie daher Ihrer inneren Stimme Aufmerksamkeit, sie will gehört werden. Ist Ihr Körper in Balance? Intuitiv machen wir in solchen Situationen meist schon automatisch einiges richtig. Wir bewegen uns, um zeitlich und räumlich Abstand zu finden. Wie Sie am besten abschalten, sollten Sie selbst ausprobieren: mit Musik, Entspannung oder Sport.

„Mach mal Pause"

Probieren Sie auch folgende Vorschläge aus, wenn Ihre Konzentration nachlässt:

- Legen Sie regelmäßig *Pausen* ein. Einen guten Erholungseffekt erreichen Sie mit einer Pausenlänge von zehn Minuten.
- Verlassen Sie Ihren Schreibtisch für ein paar Minuten, öffnen Sie das Fenster oder gehen Sie an die frische Luft und machen Sie ein paar *Fitness*-Übungen.
- Werfen Sie einen Blick auf Ihren Tagesplan, auf Ihre *Mind Map*. Erinnern Sie sich an Ihre Prioritäten, die Sie Ihren Zielen einen Schritt näher bringen.
- Gönnen Sie sich eine kurze Erholung und etwas *Schönes*, wenn Sie eine Arbeit abgeschlossen haben. Hasten Sie nicht gleich zur nächsten Tätigkeit.
- Wenn Sie mit einem Fachproblem nicht vorwärts kommen, sprechen Sie mit *Kollegen* über den Inhalt.

Oft hilft ein kurzes Gespräch wieder auf die Sprünge.

- Eignen Sie sich eine mentale *Entspannungstechnik* an, die Ihnen an besten zusagt. Wenn Sie diese einige Zeit regelmäßig üben, können Sie damit gezielt Konzentrationsschwächen ausgleichen.
- Viele tragen Schuldgefühle mit sich, wenn sie nicht ständig arbeiten. Sorgen Sie für den Ausgleich. Wer Privat- und Berufsleben in einer *Balance* hält, arbeitet konzentrierter und leistet mehr in der Zeit.

Wenn Informationen fehlen

Fehlende Informationen sind manchmal eine willkommene Abwechslung, seine Arbeit zu unterbrechen. Das Gewissen ist entlastet, weil zunächst andere an der Reihe sind, die Informationen zu beschaffen. In vielen Fällen ist es jedoch besser, die Arbeit nicht gleich beiseite zu schieben oder aber sie gar nicht erst zu beginnen. Nach einer Unterbrechung wieder anzufangen, schluckt sehr viel Energie.

- Erledigen Sie das, was Sie mit den vorhandenen Informationen ausarbeiten können. Tragen Sie die fehlenden Informationen nach, wenn Sie diese erhalten haben.
- Vergeuden Sie keine Energie, indem Sie unwichtigen Dingen hinterherlaufen.
- Oft ist es sinnvoll oder notwendig, Entscheidungen auch dann zu treffen, wenn weniger Informationen zur Verfügung stehen als Ihnen lieb ist.

Wenn Arbeiten langweilig sind

Anti-Systematiker oder „Chaoten" haben eine Abneigung gegenüber Tätigkeiten wie: Listen ausfüllen, Statistiken erstellen, Steuerangelegenheiten bearbeiten, Reisekostenabrechnungen erledigen oder Vokabeln pauken. Nicht immer lassen sich solche Tätigkeiten beliebig delegieren. Mit etwas Selbstdisziplin und den folgenden *Tipps* überlisten Sie sich jedoch selbst:

- Verbinden Sie die langweiligen Arbeiten mit etwas Positivem. Stellen Sie sich einen bunten Blumenstrauß auf den Schreibtisch. Für mehr Spaß sorgen auch bunte Post-its und farbige Arbeitsmappen. Gestalten Sie Ihren Arbeitsplatz freundlich.
- Hören Sie – wenn es möglich ist – dabei Ihre Lieblingsmusik.
- Planen Sie täglich eine Viertelstunde ein, um lästige Routinearbeiten zu erledigen.
- Für langweiliges Vokabelpauken empfiehlt beispielsweise die bekannte Trainerin *Vera F. Birkenbihl* den „Etiketten-Trick": Alle Dinge im Haus, im Büro oder im Auto werden mit bunten Selbstklebe-Etiketten versehen, auf denen die fremdsprachliche Vokabel steht. Immer dann, wenn die Dinge ins Blickfeld geraten, prägt sich das Wort ein.

Wenn die Stimmung schwankt

Intuitiv handelnde Menschen sind häufiger von Stimmungsschwankungen betroffen als vorwiegend rational handelnde Menschen. Lassen Sie sich von der inneren Unruhe nicht gleich entmutigen. Solche Phasen sind häufig auch der Beginn von schöpferischem Tun.

- Packen Sie nicht zu viel in den *Tagesablauf*. An manchen Tagen geht die Arbeit besser von der Hand, an anderen Tagen weniger.
- Suchen Sie sich für Tätigkeiten, die besondere *Konzentration* benötigen, den für Sie besten Platz zum Arbeiten. Probieren Sie aus, wo Sie besonders produktiv sein können. Vorausgesetzt, es ist mit Ihrem Arbeitgeber zu vereinbaren, kann das auch ein Café oder der häusliche Schreibtisch sein.

Arbeiten unter Druck reduzieren

Kreativ tätige Menschen glauben häufig, sie seien unter Druck besonders leistungsfähig. Wenn die Termine drängen, bleibt auch gar nichts anderes übrig, als die Arbeit unter Zeitdruck zu vollenden. Unmengen von Kaffee und anderen Aufputschmitteln ersetzen in diesen Zeiten das körperliche Fitnesstraining und die seelische Entspannung. Solche einseitigen Hochleistungsaktionen äußern sich, wenn sie häufig vorkommen, negativ. Körper und Seele leiden darunter.

Bedenken Sie auch: Arbeiten unter Druck nützt der Kreativität wenig. Die kreativen Ideen entstehen in der Regel nicht in Phasen der großen Anspannung, sondern in den Phasen der *Entspannung*. Prioritäten setzen, für Aktivitäten ausreichend Zeit einplanen und selbstdiszipliniertes Arbeiten – das sollten Sie anstreben.

Ordnung auf dem Schreibtisch

Arbeiten sind dann angenehm, wenn sie erledigt sind. Ordnung bedeutet für die Rechtshirn-Dominanten Disziplin, was sie schon abschreckt. Lieber nehmen sie jegliches Chaos in Kauf. Doch: Während sie fieberhaft nach Dokumenten, Tickets und Schlüsseln suchen, können andere sich schöneren Aufgaben widmen. Falls Sie sich in diese Kategorie von Schreibtischtätern einordnen, können Sie insofern beruhigt sein: Sie brauchen nicht vom Volltischler zum Leertischler zu werden und auch nicht zu jenen Pedanten, die Ordnung als Selbstzweck betreiben.

Geben Sie sich daher einen Ruck und leeren Sie Ihr Ablagekörbchen. Beginnen Sie mit dem Aussortieren der gesammelten Zeitschriften, Zeitungen und sonstigen Papiere.

Freier und leichter mit Übersicht

Um dem Chaos am Schreibtisch ein Ende zu machen, helfen Ihnen die folgenden Fragen:

- Welche Dokumente brauche ich *jetzt* für meine Arbeit? Nur diese machen auf dem Schreibtisch Sinn.
- Welche Dokumente brauche ich *später* bzw. welche brauchen andere? Daraus folgt: Ablage oder Weiterleiten an die entsprechenden Stellen.
- Welche Dokumente brauche weder ich noch andere? Denken Sie daran: Auch *Wegwerfen* macht frei.

Vergessen Sie nicht, sich nach der Aufräumaktion zu belohnen mit etwas, das Spaß macht. Freuen Sie sich schon im Vorhinein: „Wenn ich das Chaos erledigt habe, belohne ich mich mit ..."

30 *Zu einem guten Zeitmanagement gehören auch ausreichend Pausen und Ablenkung. Wenn Sie mit Ihrer Arbeit nicht weiterkommen – tun Sie etwas anderes, statt sich durchzuquälen. Achten Sie auf eine Balance zwischen Beruf und Privatleben.*

5.3 Strategien zum Nein-Sagen

Wir sagen zu oft und zu vielem Ja, ohne es von ganzem Herzen zu wollen. Vor allem Frauen fällt es schwer, Nein zu sagen. Bedingt ist dies dadurch, dass sie in der Sozialisation angehalten werden, für andere zu sorgen. Doch es gibt noch mehr Gründe für ein vorschnelles Ja, das uns später in Bedrängnis bringt: Der Wunsch, es allen recht zu machen oder sich ständig beweisen zu müssen, verleitet uns dazu, mehr anzunehmen, als wir leisten können. Aber auch das fehlende Zeitgefühl sowie die Unfähigkeit, die Dauer von Aufgaben richtig einzuschätzen, bringen uns in Bedrängnis.

Gründe für das Ja-Sagen

- Regeln aus der Kindheit. Wohlerzogene Kinder sagen nicht Nein, wenn sie etwas tun sollen.
- Wir mögen es, von anderen gebraucht zu werden.
- Wir befürchten, etwas zu verpassen, wenn wir Nein sagen.
- Wir glauben, dann nicht mehr geliebt zu werden.

- Wir wollen eine angenehme Atmosphäre aufrechterhalten.
- Wir haben den Zwang, uns ständig beweisen zu müssen.
- Wir haben ein schlechtes Zeitgefühl, um die Dauer von Arbeiten richtig einzuschätzen.

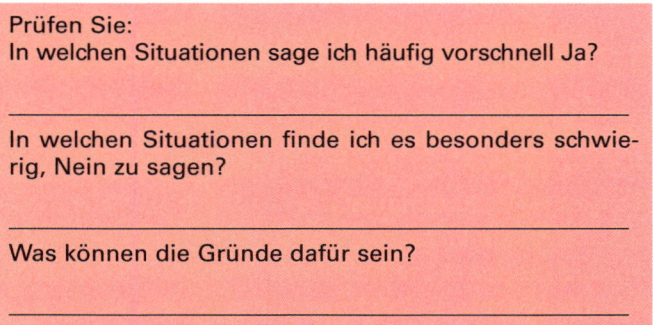

Prüfen Sie:
In welchen Situationen sage ich häufig vorschnell Ja?

_____

In welchen Situationen finde ich es besonders schwierig, Nein zu sagen?

_____

Was können die Gründe dafür sein?

_____

Mut zum Nein

Denken Sie zuallererst an *Ihre Prioritäten*. Wenn Sie diese einhalten wollen, müssen Sie zu Anfragen, die scheinbar dringlich sind, öfter Nein sagen. Sensibilisieren Sie sich dafür, die Grenze zwischen Beanspruchung und Überlastung wahrzunehmen.

Auch diese *Tipps* können Ihnen weiterhelfen:

- Sagen Sie nicht sofort Ja, wenn Sie das Ausmaß der Aufgabe, die an Sie herangetragen wird, nicht abschätzen können. Bitten Sie um eine kurze Bedenkzeit.

- Kommunizieren Sie deutlich Ihre Sichtweise. Es wird Ihnen niemand übel nehmen, wenn Sie Ihre Argumente überzeugend darlegen.
- Sagen Sie nicht Ja, wenn Sie den Termin dann doch nicht einhalten können.
- Sagen Sie nicht „vielleicht". Damit wollen Sie einer Entscheidung aus dem Weg gehen.
- Verfallen Sie nicht der Meinung, Anerkennung nur dann zu erreichen, wenn Sie es stets allen recht machen.

Die Alternative: Ja zur Aufgabe, Nein zur Störung. In manchen Fällen gibt es einen Behelfsweg, der kein klares Nein erforderlich macht:
- Sie entscheiden sich für die Tätigkeit, allerdings zu einem anderen Termin.
- Sie übernehmen nur einen Teil der Tätigkeiten.

Das richtige Zeitgefühl

Systematiker können Aufgaben gut analysieren und relativ genau einschätzen, wie lange sie für welche Tätigkeiten brauchen. Die *Spontanlinge* tun sich schwerer. Sie neigen dazu, leichtfertig Ja zu sagen, weil sie glauben, „es wird schon irgendwie gehen". Wenn Sie nicht wissen, wie viel Zeit eine Tätigkeit in Anspruch nehmen wird, gehen Sie folgendermaßen vor:
1. Informieren Sie sich erst über das *Ausmaß* der Tätigkeit.
2. Visualisieren Sie die einzelnen Schritte auf einer *Mind Map* und planen Sie die dafür notwendigen

Zeiteinheiten. Kalkulieren Sie nicht zu knapp und treffen Sie Ihre Entscheidung.

Übernehmen Sie selbst die Verantwortung für Ihre Zeit, lassen Sie sich nicht zum Spielball anderer machen.

- *Sie bekommen Ihr Chaos in den Griff, indem Sie sich mehr Freiraum schaffen (z. B. durch Delegieren).*
- *Mit der richtigen Einstellung, mit Selbstüberlistungs-Tricks und indem Sie öfter Nein sagen, können Sie konsequent bleiben.*

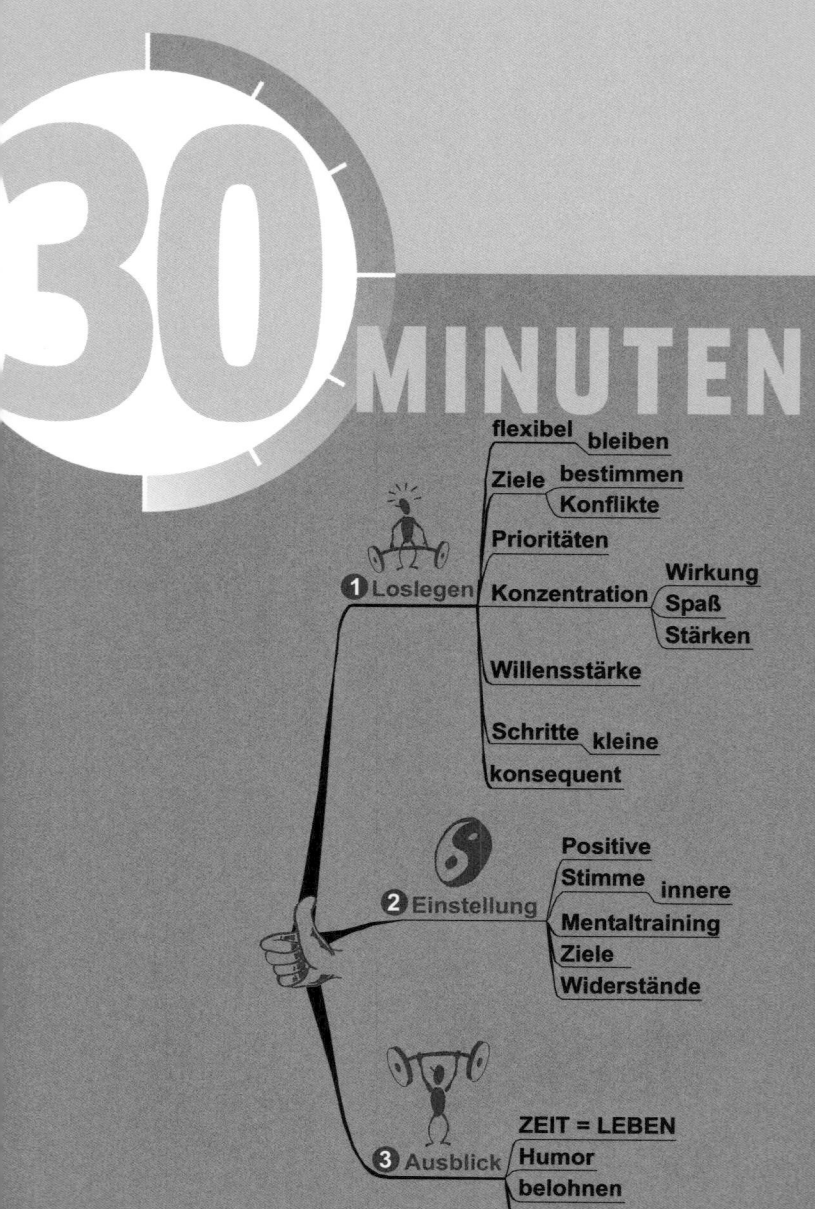

30 MINUTEN

1 Loslegen
- Ziele
  - flexibel bleiben
  - bestimmen
  - Konflikte
- Prioritäten
- Konzentration
  - Wirkung
  - Spaß
  - Stärken
- Willensstärke
- Schritte
  - kleine
- konsequent

2 Einstellung
- Positive
- Stimme innere
- Mentaltraining
- Ziele
- Widerstände

3 Ausblick
- ZEIT = LEBEN
- Humor
- belohnen
- genießen

6. Mut zum Tun

Es hat keinen Sinn, die Ursachen für Zeit- und Selbstmanagementprobleme bei anderen zu suchen. *Die Lösung liegt bei uns selbst.* Es macht einen Unterschied, ob jemand selbst über seine Zeit und Ziele entscheidet oder ob er es zulässt, dass andere Menschen für ihn diese Entscheidungen treffen. Machen Sie den Anfang jetzt und schieben Sie das Wichtige nicht auf die lange Bank.

6.1 Legen Sie los

Sie haben verschiedene kreative Wege kennengelernt, die Sie zu einem effektiven Umgang mit der Zeit und zu einer besseren Selbstorganisation führen. Verlassen Sie Ihre bisherigen Pfade, denn nur so bekommen Sie einen Einblick in die neuen Wege. Lassen Sie das los, von dem Sie bisher glaubten, dass es gar nicht anders ginge. Lösen Sie sich auch von der Vorstellung, Zeitmanagement zwinge Sie in ein starres Planungskorsett und sei nur etwas für Kästchendenker. Im Gegenteil:
Mit den richtigen Methoden schaffen Sie sich Freiräume für mehr Kreativität und Spontaneität.

Flexibel bleiben

Unsere Tempogesellschaft ist gekennzeichnet von unvorhergesehenen Situationen, schnellem Wechsel und ständigem Ent-Lernen und Neu-Lernen. All das verlangt, dass wir flexibel sind.

Für solche Situationen ist es gut, Wegweiser zu haben, die uns Orientierung geben. Ziele und Prioritäten helfen dabei. Die Planung trägt dazu bei, die wichtigsten Aktivitäten zeitgerecht zu tun, um den Zielen näher zu kommen. Planen Sie schriftlich, dann brauchen Sie sich weniger zu merken und Sie haben den Kopf frei für Wichtiges.

Zielkonflikte klären

Ziele mobilisieren Energien. Doch häufig gibt es Zielkonflikte, die diese Energien reduzieren. Viele Menschen haben zu viele Ziele, die sich gegenseitig behindern oder ausschließen. Die Ziele „Ich möchte beruflich schnell vorwärts kommen" und „Ich möchte heiraten und Kinder bekommen" schließen sich beispielsweise in der Regel aus, zumindest im gleichen Zeitabschnitt. Damit es nicht zu Reibungsverlusten kommt, müssen wir die Prioritäten richtig setzen.

Zielkonflikte treten auch dann auf, wenn wir uns für etwas entscheiden, nur weil wir glauben, dass andere das von uns erwarten. Und: Je inniger Sie Ihr Ziel anstreben, desto größer ist die Chance, es zu erreichen.

Überprüfen Sie Ihre Vorsätze:
Stehe ich wirklich hinter meinen Zielen?

_____

Steht eines meiner Ziele mit anderen im Konflikt?

_____

Setze ich mir zu viele Ziele?

_____

Konzentration auf die Kräfte

Richten Sie den Fokus auf das *Wesentliche* und setzen Sie Ihre Energien für das ein,

- was Sie am besten können,
- was Ihnen am meisten Spaß macht,
- womit Sie hinsichtlich Ihrer Lebensziele die größte Wirkung erreichen.

Willensstärke zeigen

Eingefahrene Verhaltensweisen sind beharrlich und verleiten uns, die guten Vorsätze für Veränderungen wieder fallen zu lassen. *Bleiben Sie konsequent.* Es erfordert etwas Geduld, bevor die Regeln, die Sie sich vorgenommen haben, zur Gewohnheit werden. Es ist wie beim Zähneputzen oder beim morgendlichen Joggen. Wenn man es eine Zeit lang regelmäßig macht, wird es zur Routine und man will es nicht mehr missen.

Der Knoten im Taschentuch

Diese Tipps helfen Ihnen, konsequent zu bleiben:

- Erzählen Sie Ihren *Freunden* und Kollegen von Ihrem Plan. Wenn Ihr Vorhaben bekannt ist, geben Sie auch so schnell nicht wieder auf.
- Kreieren Sie ein *Ritual*, das Sie bei Ihren neuen Verhaltensweisen begleitet. Heften Sie zum Beispiel Ihre Lebensziel-Mind-Map oder ein Bild, das Sie an Ihre Ziele erinnert, an den Spiegel, ins Büro oder ins Auto.

Kleine Schritte

Versuchen Sie nicht, alles auf einmal zu ändern. Beginnen Sie in kleinen Schritten und bleiben Sie dafür konsequent. Wählen Sie zwei Aspekte aus, auf die Sie sich in den nächsten vier Wochen konzentrieren wollen. Machen Sie danach einen Check und beginnen Sie mit zwei weiteren Aspekten.

Konstruieren Sie jetzt Ihren Startplan:
Was sind die wichtigsten Erkenntnisse, die ich aus diesem Buch gewonnen habe?

_____

Welche Aktivitäten packe ich an?

_____

Wann beginne ich mit den ersten zwei Aktivitäten?

_____

Welches Ritual, das mich regelmäßig an mein Vorhaben erinnert, wähle ich aus?

Kein „Ja-aber-Spiel"

Vergeuden Sie nicht unnötige Zeit mit Erklärungen, weshalb Sie bestimmte Angelegenheiten noch nicht erledigen konnten. Die einfachste Regel heißt: *Tun*. Ohne Eigenantrieb geht es nicht, Selbstdisziplin muss jeder selbst einbringen.

Der erste Schritt für effektives Zeitmanagement: Fangen Sie an! Gehen Sie daran, Ihre Ziele in die Tat umzusetzen.

6.2 Die richtige Software im Kopf

Positive Veränderungen beginnen im Kopf. Jeder formt sich eine Art persönliche Landkarte von der Welt, so wie er sie wahrnimmt. Damit hat er immer nur einen Ausschnitt aus der Wirklichkeit, nach dem er handelt. Gewohnheiten sind etwas Antrainiertes. Sie sind wieder veränderbar.

Innere Widerstände überwinden

Unser Verhalten ist widerstandsfähig gegenüber Veränderungen. Lange eingeübt, sind wir uns in den gewohnten Verhaltensweisen sicher. Das verführt zur Bequemlichkeit. So akzeptieren wir lieber das Chaos um uns. Damit machen wir aus dem Leben nicht das, was möglich wäre. Änderungen verursachen erst mal inneren Widerstand. Doch wer bereit ist, Neues auszuprobieren, wird erfahren, dass er die gewünschten Fähigkeiten auch erzielen kann. Richten Sie den Blick auf Ihre Ziele.

Mentales Training

Mit mentalem Training können Sie Ihre Willenskraft stärken. Spitzensportler haben es längst in ihr Training integriert: Sie sehen im entspannten Zustand vor dem geistigen Auge ihren Wettkampf ablaufen. Schwierige Situationen üben sie im Geiste wiederholt so lange, bis sie sich im gewünschten Ziel sehen.

Wer Erfolg haben will, muss den Erfolg zuerst im Kopf haben.

Auf die innere Stimme hören

Leben Sie bewusster und achten Sie stärker auf *Signale des Körpers*. Wer sich ständig einem Zeitdruck aussetzt und sich keine Muße gönnt, der missachtet Warnsignale des Körpers und muss unter Umständen mit erheblichen Gesundheitsschäden rechnen.

Negative Einstellung ändern

Das *Gehirn* registriert – ähnlich wie ein Computer – alles, was wir eingegeben: was wir sehen, tasten, schmecken, hören, riechen. Es speichert auch die dazugehörigen Gefühle und Wahrnehmungen.

Das, was wir denken, bestimmt unser Handeln. Wenn wir negativ denken, kein Selbstvertrauen haben, handeln wir danach. Sorgen und Ängste blockieren uns. Richten Sie den Blick auf das, was Sie weiterbringt.

> Denken Sie darüber nach:
> Was sind meine Launen?
>
> _____
>
> Worüber ärgere ich mich häufig?
>
> _____
>
> Welche Situationen entmutigen mich?
>
> _____

Erfolg beginnt im Kopf. Visualisieren Sie daher vor Ihrem inneren Auge das, was Sie erreichen möchten.

6.3 Spaß haben und Erfolge genießen

Wer seinen Schwerpunkt nur auf seine Arbeit legt, empfindet seine Tätigkeit sehr schnell als anstrengend. Es braucht Spaß und Freude sowie Zeit, um Erfolge zu genießen. *Spaß* ist ein wesentlicher Erfolgsfaktor für die *Selbstmotivation*.

Abschied vom Workaholic

Manche Menschen definieren sich nur über ihre Arbeit. Damit versäumen sie, die vielen anderen schönen Seiten des Lebens zu genießen. Arbeit, Macht, Geld sind für sie die *harten* und erstrebenswerten

Faktoren. Beziehungen und Freundschaften zählen sie zu den *weichen* Faktoren, und diese sind sekundär. Nicht jene, die pro Woche 60 Stunden auf ihrem Arbeitsplan haben, sondern jene, die ihr Arbeitspensum konzentriert in einer bestimmten Zeit erledigen, arbeiten effektiv.

Belohnung für Ergebnisse

Spontane Menschen beschäftigen sich gerne mit mehreren Aktivitäten auf einmal. Wer von einer Aktivität zur anderen hastet, ohne innezuhalten, verliert die Einstellung für Anfang und Ende.

- Machen Sie eine *Pause*, wenn eine Arbeit abgeschlossen ist, und belohnen Sie sich. Das ist zugleich ein Ansporn, eine Aufgabe zielgerichtet fertig zu machen.
- Feiern Sie im *Team*, wenn ein Projekt erfolgreich zu Ende ist. Spaß im Team und gemeinsam die Erfolge feiern – das macht den Umgang untereinander menschlicher und motiviert, Neues anzupacken.

Humor am Arbeitsplatz

Lachen ist die beste Medizin, lautet eine alte Volksweisheit. Für viele hat Arbeit nichts mit Spaß zu tun. Amerikanische Untersuchungen ergaben, dass Lachen und Humor sowohl die eigene Gesundheit als auch die Leistung am Arbeitsplatz positiv beeinflussen.

Humor ist ein wirksamer Ausgleich für Stress und Druck. Ein Witz kann eine aufgeladene Atmosphäre plötzlich entspannen. Denn mit Humor betrachtet, sieht eine Sache plötzlich ganz anders aus.

Freuen Sie sich auf Arbeit, Freizeit und Spaß zugleich. Denken Sie stets daran, in Ihren Alltag Dinge und Ereignisse einzubauen, die Spaß machen. Freude stimuliert auch andere. Sie hilft, aus der Tretmühle des Alltags zu entkommen und zu reflektieren, was wir tun.

Und nicht zuletzt gilt: Richten Sie den Blick stets auf das, was Sie in Ihrem Leben für wichtig halten. Damit Sie am Ende Ihres Lebens sagen können: Ich habe die Dinge im meinem Leben getan, die ich immer tun wollte.

Zeit ist wertvoll

„Es gibt Kalender und Uhren, um sie zu messen, aber das will wenig besagen, denn jeder weiß, dass einem eine Stunde wie eine Ewigkeit vorkommen kann, mitunter kann sie aber auch wie ein Augenblick vergehen – je nachdem, was man in dieser Stunde erlebt. Denn Zeit ist Leben."
(*Michael Ende*)

Fast Reader

1. Ordnung und Chaos

Vereinfachend kann man zwei Typen hinsichtlich des Umgangs mit der Zeit unterscheiden:
„Chaoten", die ihre Zeit je nach Stimmung und Motivation nutzen wollen, und Systematiker, die ihren Tag exakt planen.
Klassisches Zeitmanagement eignet sich für planende, ständig organisierende Menschen. Es ignoriert damit die unterschiedlichen Persönlichkeiten.

Der Ausweg aus der Tretmühle heißt:
Zeitmanagement ist Lebensmanagement oder Life-Leadership®. Und das bedeutet:
- **Streben nach einer Balance zwischen den vier Lebensbereichen Beruf, Familie, Gesundheit und der Frage nach dem Sinn.**
- **Die Methoden und Hilfsmittel dafür müssen mit den persönlichen Verhaltensweisen übereinstimmen.**

2. Denkprozesse des Gehirns

Aus den Erkenntnissen über die beiden Hemisphären leitet sich die heute so populäre Gehirntheorie ab, die besagt: Die linke Gehirnhälfte ist
für die Logik zuständig, die rechte für Kreativität
und Intuition.
Das Wechselspiel zwischen den beiden Gehirnhälften ist kompliziert. Forschungen haben jedoch
gezeigt, dass bei den meisten Menschen eine Hemisphäre dominiert – auf dieser „Frequenz" können sie besser denken und arbeiten.

**Das Bewusstmachen, wie wir Denkprobleme
lösen, hilft uns,**
- **unsere Verhaltensweisen zu erkennen,**
- **die Verhaltensweisen anderer besser zu verstehen,**
- **ein individuelles System für ein effektives
Selbstmanagement zu finden.**

**Fortschritte erreichen wir dann, wenn wir Ver-
nunft und Emotion zusammenführen.**

3. Mind Mapping als Arbeitstechnik

Mit Mind Maps (Gedankenkarten) lassen sich Gedanken und Fakten übersichtlich festhalten. Bei

dieser Technik werden beide Gehirnhälften akti-
viert.

Der Aufbau einer Mind Map folgt einem bestimm-
ten Schema: Von einem Schlüsselbegriff ausge-
hend, werden verschiedene Äste und Ästchen
abgezweigt, die Unterthemen behandeln. Arbei-
ten Sie mit Bildern, Farben und Symbolen.

Mind Mapping ist eine vielseitige Technik, die Ihre mentalen Fähigkeiten anspricht.
- **Farben und Symbole aktivieren Ihre Gefühle und Ihre spielerischen Persönlichkeitsanteile.**
- **Sie verbessern damit Ihre quantitativen und qualitativen Denkergebnisse.**
- **Mind Maps eignen sich für fast alle Arten von Notizen und Plänen – und ganz besonders auch für das Zeitmanagement.**

4. Zeitmanagement mit Mind Maps

Das Bewusstmachen der eigenen Rollen und Ziele ist der erste Schritt zu einer besseren Selbstorga-nisation. Wer sich vorher Gedanken über das Wo-hin seines Tuns macht, tut sich leichter bei Ent-scheidungen, die miteinander konkurrieren.

Rücken Sie die wirklich wichtigen Ideen, Vorhaben und Aufgaben, mit denen Sie Ihren Zielen einen

Schritt näher kommen, ins Zentrum. Berücksichtigen Sie neben den beruflichen auch Ihre privaten und persönlichen Wünsche. Sie schaffen mehr, wenn Sie Ihre Hochs und Tiefs kennen und nutzen.

Planen mit Mind Maps zwingt Sie nicht in ein starres, lineares Zeitkorsett. Die grafische Darstellung kommt den visuell geprägten und spontanen Menschen entgegen. Mit einem Mind-Map-Plan haben Sie einen ganzheitlichen Überblick über Ihre Aktivitäten, der jederzeit leicht zu ergänzen ist.

- **Wenn Sie mit Mind Maps planen, gestalten Sie Ihre Zeit aktiv.**
- **Überlegen Sie zunächst, was Ihre (Lebens-)Ziele sind.**
- **Setzen Sie Prioritäten und planen Sie individuell.**

5. Das Chaos im Griff

Sie gewinnen mehr Zeit, indem Sie Zeitkiller ausschalten, vermehrt delegieren und konzentrierter arbeiten. Planen Sie jeden Tag eine Stille Stunde ein, während der Sie nicht gestört werden.

Zu einem guten Zeitmanagement gehören auch ausreichend Pausen und Ablenkung. Wenn Sie mit Ihrer Arbeit nicht weiterkommen – tun Sie etwas *anderes, statt sich durchzuquälen. Achten Sie auf eine Balance zwischen Beruf und Privatleben.*

Übernehmen Sie selbst die Verantwortung für Ihre Zeit, lassen Sie sich nicht zum Spielball anderer machen.

- **Sie bekommen Ihr Chaos in den Griff, indem Sie sich mehr Freiraum schaffen (z. B. durch Delegieren).**
- **Mit der richtigen Einstellung, mit Selbstüberlistungs-Tricks und indem Sie öfter Nein sagen, können Sie konsequent bleiben.**

6. Mut zum Tun

Der erste Schritt für effektives Zeitmanagement: Fangen Sie an! Gehen Sie daran, Ihre Ziele in die Tat umzusetzen.

Erfolg beginnt im Kopf. Visualisieren Sie daher vor Ihrem inneren Auge das, was Sie erreichen möchten.

Literatur

- Abrahamson, Eric und Freedman, David H.: **Das perfekte Chaos.** Warum unordentliche Menschen glücklicher und effizienter sind. Berlin: Econ 2007.
- Buzan, Tony und Buzan, Barry: **Das Mind-Map-Buch.** 7. Aufl. München: mvg 2005.
- Csikszentmihalyi, Mihaly: **Kreativität.** Wie Sie das Unmögliche schaffen und Ihre Grenzen überwinden. Stuttgart: Klett-Cotta 1997.
- Küstenmacher, Werner Tiki; mit Seiwert, Lothar: **Simplify Your Life.** Einfacher und glücklicher leben. 16. Aufl. Frankfurt / New York: Campus 2008.
- Müller, Horst: **Mind Mapping.** 3. Aufl. Freiburg: Haufe 2008.
- Müller, Horst: **Mind Maps mit MindManager®** incl. Internetworkshop. Offenbach: GABAL 2007.
- Müller, Horst, unter Mitarbeit von Lothar Seiwert: **tempus. Mind Map Plus-Paket.** Vom Kreativen zum Konkreten (im A5- und A6-Format erhältlich). Giengen: tempus 1999 (Fon: 01805-25 01 10, Fax: 07322-95 02 19, info@tempus.de, www.tempus.de).
- Seiwert, Lothar: **Ausgetickt: Lieber selbstbestimmt als fremdgesteuert.** Abschied vom Zeitmanagement. 2. Aufl. München: Ariston 2011.
  (auch als Hörbuch-CDs und E-Book erhältlich)
- Seiwert, Lothar: **Balance Your Life.** Die Kunst, sich selbst zu führen. 4. Aufl. München: Piper 2010.

- Seiwert, Lothar: **Das Bumerang-Prinzip: Mehr Zeit fürs Glück.** Life-Balance: Gesünder, erfolgreicher und zufriedener leben. 3. Aufl. München: DTV 2008.
- Seiwert, Lothar: **Das neue 1x1 des Zeitmanagement.** Zeit im Griff, Ziele in Balance. 33. Aufl. München: Gräfe und Unzer 2011.
- Seiwert, Lothar: **Die Bären-Strategie: In der Ruhe liegt die Kraft.** 7. Aufl. München: Ariston 2011. (auch als Hörbuch-CD)
- Seiwert, Lothar: **Noch mehr Zeit für das Wesentliche.** Zeitmanagement neu entdecken. 3. Aufl. München: Goldmann 2011.
- Seiwert, Lothar: **Simplify Your Time.** Einfach Zeit haben. Frankfurt / New York: Campus 2010.
- Seiwert, Lothar: **Wenn du es eilig hast, gehe langsam.** Mehr Zeit in einer beschleunigten Welt. 15. Aufl. Frankfurt / New York: Campus 2011. (auch als Hörbuch-CDs)
- Seiwert, Lothar und Gay, Friedbert: **Das neue 1x1 der Persönlichkeit.** Sich selbst und andere besser verstehen. 25. Aufl. München: Gräfe und Unzer 2012.
- Seiwert, Lothar und Tracy, Brian: **Life-Leadership.** So bekommen Sie Ihr Leben in Balance. 2. Aufl. Offenbach: GABAL 2007.
- Seiwert, Lothar; Wöltje, Holger und Obermayr, Christian: **Zeitmanagement mit Microsoft Office Outlook.** 8. Aufl. Köln: O`Reilly 2011. (mit zusätzlichen Videolektionen im Web)

Social Media

 Follow me on **twitter**:
www.twitter.com/Seiwert und
www.twitter.com/TimeTip

 Become a fan on **Facebook**:
www.facebook.com/Lothar.Seiwert

Wöchentlicher Newsletter (kostenlos!)

- SEIWERT-TIPP: 1 Minute für 1 Woche in Balance. Ihr persönliches Erfolgscoaching mit praktisch umsetzbarem Sofort-Nutzen (kostenlos, erscheint wöchentlich), zu abonnieren unter: www.Lothar-Seiwert.de

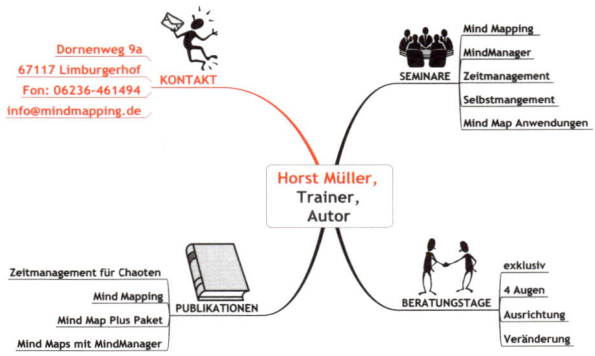

Horst Müller
Seminare, Beratung

D-67117 Limburgerhof
Tel: 06236/46 14 94 · Fax: 06236/4 62 07 41
eMail: HMUELLER@mindmapping.de

Register

LOTHAR SEIWERT

Seiwert sehen, Seiwert hören, Seiwert erleben

Prof. Dr. Lothar Seiwert
„Er ist in der Szene der
Zeitmanagement-Experten
schlicht die Größe."
Bild der Wissenschaft

Mehr als vier Millionen Menschen haben seine Bücher gelesen, mehr als 400.000 haben ihn live als Trainer und Sprecher erlebt: Lothar Seiwert ist unangefochten Europas führender und bekanntester Experte für das neue Zeit- und Lebensmanagement.

Er gehört zum Kreis der „Excellent Speakers" in Europa und stand mit Bill Clinton auf der Bühne. Er ist mit über 50 Büchern, Videos und Audios einer der erfolgreichsten Sachbuchautoren Europas. Sein bekanntestes Buch „Simplify Your Life" (mit Tiki Küstenmacher) ist zu einem weltweiten Megaseller in mehr als 30 Sprachen avanciert.

- Sie möchten das Original live auf der Bühne erleben?
- Ein impulsives Highlight für Ihren Event?
- Rednerische Höhenflüge zu einem Thema mit Tiefgang?

Wir informieren Sie gerne über:

☐ Faszinierende und inspirierende Vorträge mit „Deutschlands führendem Zeitmanager" (Focus)

☐ Offene Seminare zu Time-Management und Life-Leadership® mit Prof. Lothar Seiwert

Ein ausgezeichneter Redner

- Internationaler Trainingspreis „Excellence in Practice" der ASTD (USA)
- Benjamin-Franklin-Preis für das „Beste Business-Buch des Jahres"
- Management-Strategie-Preis von FAZ und KPMG
- Deutscher Trainingspreis des BDVT
- Deutscher Strategiepreis des Strategie-Forums e.V.
- Hall of Fame® der German Speakers Association (GSA)
- Life-Achievement-Award der Weiterbildungsbranche für das Lebenswerk
- Conga-Award 2008 für exzellente Leistungen als Business-Speaker

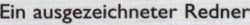
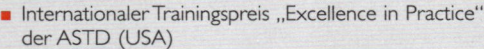

SEIWERT KEYNOTE-SPEAKER GMBH ■ **TIME-MANAGEMENT UND LIFE-LEADERSHIP®**
ADOLF-RAUSCH-STR. 7 ■ **D-69124 HEIDELBERG** ■ **FON: 07000-734 93 78 ODER 07000-SEIWERT**
FAX: 0 62 21 / 78 77 22 ■ **E-MAIL: B.AUE@SEIWERT.DE** ■ **WWW.LOTHAR-SEIWERT.DE**